과학의
언어

The Language of Science
by Carol Reeves

과학의 언어

어떻게 과학을 제대로
이해하고 비평하고
향유할 것인가

THE LANGUAGE OF SCIENCE

캐럴 리브스 | 오철우 옮김

궁리
KungRee

| 들어가는 말

많은 사람들이 자신과 주변 세상을 둘러싼 여러 물음에 대한 답과 사실들을 과학에서 얻고자 한다. 우리는 세심한 실험이나 측정으로 도출한 답을 **객관적**이라 여기며 정치나 **편견**의 때가 묻지 않은 것이라고 받아들인다. 그래서 뉴스에서 새로운 연구결과를 '과학자들이 보고했다'는 말을 들을 때에, 또는 우리 생활방식의 방향을 바꿔야 한다고 '과학자가 말했다'는 말을 들을 때에 대체로 귀를 기울인다. 그런 식으로 과학이 권위를 미치는 면은 면밀히 살펴보고 이해할 필요가 있다.

과학을 이해하는 한 가지 방법은 그 언어를 살펴보는 것이다. 이 책은 우리 모두에게 연구결과를 설명하고 보도하는 데 쓰이는 과학 밖의 언어는 물론이고, 어떤 현상을 설명하고 주장하고 규명하는 데 사용하는 과학 안의 언어에 관한 책이기도 하다. 과학이 우리 삶에 어떤 영향을 끼치는지 더욱 세심히 살펴보고자 한다면 과학 언어의 두 측면, 즉 전문적이며 대중적인 두 측면을 모두 이해해야 한다.

책의 뒷부분에 있는 '용어 해설과 찾아보기'에서 전문용어나 전문적인 방식으로 쓰인 용어를 간략히 해설했고, 용어가 책에서 처음 등장한 쪽수도 표시해두었다. 본문에서 이런 용어들이 처음 언급될 때에 **굵은 글씨**로 표시했다.

과학이란 무엇인가?

대부분의 사람은 과학에 관해 생각할 때 알베르트 아인슈타인이나 찰스 다윈, 영화 속의 프랑켄슈타인 박사, 칼 세이건, 스티븐 호킹 같은 사람을 생각한다. 과학적 발견이나 그 혁명적 개념은 자주 과학자 개인에게 귀속되므로, 우리는 과학을 다른 사람과 협력하지 않고 자기 일에만 몰두하는 고독한 '괴짜들(nerds)'의 산물이라 생각하는 경향이 있다. 하지만 이는 개인의 경험을 극적으로 묘사하는 대중적 서사를 자주 듣다 보니 생긴 오해다.

다른 모든 인간 활동의 영역과 마찬가지로, 과학도 본래는 사회성을 띤다. 작업이란 것을 행하는 다른 이들과 마찬가지로, 과학자 역시 무언가를 생산하기 위해서는 협력해야 한다. 그리고 이를 위해서 과학자는 말과 글이라는 언어를 써야 한다. 그들은 실험실에서 어울려 일하며, **데이터**를 공유하며, 어떤 설명을 두고 논쟁을 벌이고 아이디어를 주고받는다. 과학자는 다른 실험실의 동료 연구자에게 이메일을 보내고 학회에 참석해 대화를 나눈다. 어떤 실험실에서건 글쓰기는 실제

실험 못잖게 중요하다. 즉 세심히 실험 노트를 작성해야 하며, 발견한 사실을 해석하고 보고해야 한다. 또한 논문의 초고를 작성하고 읽고 다시 작성하고, 그런 다음에 저널에 투고해야 한다. 저널에 보낸 논문은 다시 읽히고 반송되고 다시 작성되고, 결국에는 출판되어, 청중이 읽고 논의한다. 청중의 반응(논문에 동의할지 이견을 나타낼지, 논문이 타당하다고 볼지 아닐지)은 논문에 담긴 내용뿐 아니라 논문을 *어떻게* 작성했느냐에 따라서도 크게 좌우된다. 데이터는 외따로 존재할 수 없다. 과학자는 데이터에 대한 자신의 해석을 설명해야 하며, 데이터에 관한 자신의 주장을 방어하며 합리적인 논증을 전개해야 한다. 전문가로서 이런 중요한 과업을 어떻게 하면 잘 완수할 수 있을까? 그것은 과학의 언어와 **수사**를 구사하는 능력에 달렸다.

언어와 과학

그래서 시나 정치, 종교, 비즈니스 또는 다른 어떤 지식 분야에서도 그렇듯이 과학에서도 언어가 중요하다. 그러나 우리가 전자의 분야들에서 겪은 경험으로 잘 알다시피, 어떤 현실의 실재(예컨대 경험, 감정, 신념, 새로 산 자동차)를 표현하는 데 쓰는 언어와 현실의 실재 자체의 관계는 상황에 따라 달라진다. 다시 말해, 우리가 무엇을 표현하기 위해 어떤 말을 선택한다는 것은 그 목적이 설득인지 접대인지 교육인지에 따라, 우리가 원하는 바에 따라 달라진다. 즉 시나 정치, 종교, 비즈니스에서 사용하는 언어에는 편견과 임의성이 담겨 있음을 인정할 수밖에 없다.

그런데 과학에서 나타나는 언어 사용은 어떠한가? 그리고 텔레비전이나 신문과 잡지에 등장하는 과학의 언어는 또 어떠한가? 전문적이든 대중적이든 그와 관계없이 과학의 언어도 다른 분야에서 쓰이는 언어와 마찬가지로 어떤 동기에서 비롯하며 편견이 담기고 상황에 따라 변할까? 이 물음들에 대해 이 책은 몇 가지의 답을 제시하고자 한다. 간단히 말하면 그 답은 '그렇다' 이며 또한 '아니다' 이다. 과학 언어가 언어로서 언제나 완전하지 못하다는 점 때문에 '그렇다' 라고 답할 수 있다. 현미경 아래에 놓인 것 또는 우리 피부 속에 있는 것 또는 저 지구 밖 우주에 있는 것을 완전하고 절대적으로 정확하게 서술할 수 있는 방법이란 존재하지 않는다.

과학계는 수 세기 동안 언어라는 난제를 두고 씨름해왔다. 훌륭한 과학자들은 읽기와 쓰기를 게을리 하지 않았으며, 그때그때 달라지는 언어의 속성을 예리하게 인식하고서 자신들의 언어 선택에 주의를 기울여왔다. 이런 점에서 과학자는 훌륭한 언어학자이기도 했다. 그래서 '아니다' 라고 답할 수 있다. 과학 언어는 감성적인 정치 언어나 종교 언어와는 다르다. 다른 영역들에서 드러내놓고 설득을 위해 사용하는 언어와도 다르다. 그렇더라도 과학 언어는 여전히 인간이 만든 하나의 시스템이며, 인간은 자신이 선택한 언어가 다른 사람에게 끼치는 효과를 모두 제어하지는 못한다.

과학 언어 분석하기

이 책은 과학 언어, 더 나아가 과학 활동을 분석하고 그래서 더 잘 이해할 수 있는 몇 가지 방법을 독자에게 소개한다. 여러분이 과학 분야에서 일하고자 하건, 인문학이나 커뮤니케이션 또는 비즈니스 분야에서 일하고자 하건, 또는 언젠가 가정을 꾸릴 계획을 지녔건 간에 과학 언어를 이해할 필요가 있다. 호기심 때문에 여러분은 화성이나 외계 생명체 연구에 대해 더 많이 배우려 할 수도 있고, 또는 질병 때문에 어떤 질환에 관한 의학 보고서를 접할 수도 있다. 언젠가 여러분의 자녀가 '왜' 라고 물을 수도 있다. 어찌됐건 스스로 자신 있게 과학 문헌을 읽을 수 있어야 한다. 그리고 어떤 이익을 얻고자 또는 영향력을 행사하거나 권력을 얻고자 과학을 사용하려는 정치적 · 경제적 · 사회적 동기들을 탐지하는 건강한 레이더를 지녀야 할 것이다.

그렇다면 과학 언어를 분석한다는 것은 무엇을 분석한다는 뜻일까?

우리는 과학 언어와 **전문용어**의 목적을 분석할 것이다. 과학 언어는 왜 시의 언어와 다를까? 과학 전문용어와 관련해 어떤 것들이 문제가 될까? 이런 물음들에 대해서는 1장에서 다룬다.

우리는 과학이 **은유**를 어떻게 사용하는지 분석할 것이다. 과학자는 왜 은유를 사용할까? 과학에서 은유는 일상적 커뮤니케이션에서 나타나는 은유와 같은 식의 역할을 할까? 은유는 과학자가 사유하는 방식에 영향을 끼칠까? 은유는 과학자에게 어떤 식으로 문제를 일으킬까? 이런 물음들은 2장에서 다룬다.

우리는 과학적인 글을 아주 과학적인 것으로 보이게 만드는 요인이 무엇인지 분석할 것이다. 과학 연구보고서의 글은 왜 소설의 글과 전혀 다르게 보일까? 모든 과학 분야들이 공유하는 특성을 살피면서, **과**

학 담론을 살펴볼 것이다. 영어 교사나 록 음악인, 자기혁신 강사가 아닌 과학자로 여겨지기 위해서 과학자가 채용하는 문법적 특징과 글을 구성하는 특징은 무엇일까? 3장의 주제는 과학 담론이다.

우리는 확실성과 추정을 전하는 과학 담론의 패턴을 분석할 것이다. 무엇이 참이라고 예감은 하지만 **증거**가 없을 때, 즉 추정할 때 과학자는 언어의 어떤 패턴을 사용할까? 또한 과학자는 **과학적 사실**을 제시할 때 언어의 어떤 패턴을 사용할까? 어떤 개념이 추정에서 사실로 바뀔 때 이를 특징적으로 보여주기 위해 언어의 어떤 패턴을 사용할까? 이런 물음들은 4장에서 다룬다.

우리는 과학자들이 서로 어떻게 설득하는지, 자신의 주장을 논증하고 옹호하기 위해 **과학적 수사**를 어떻게 활용하는지 분석할 것이다. 현대 광고나 정치의 전략에 의지하지 않으면서 과학자들은 어떻게 서로 설득할까? 과학자는 자신의 데이터를 두고 주장을 펼 때 높은 수준의 증거와 추론을 견지하고자 한다. 그러나 알다시피 데이터는 한 가지 이상의 방식으로 해석될 수 있다. 어찌됐건 과학자는 과학계의 청중을 상대로 손에 넣을 수 있는 증거를 갖춘 자신의 주장이 유효하며 살아 있음을 설득하는 기술, 즉 과학적 수사를 이해하고 있어야 한다. 5장의 주제는 수사이다.

우리는 과학 언어와 담론이 어떻게 과학 밖의 여러 사회집단과 상호작용하는지, 그리고 이런 과학 밖 사회집단의 문화가 과학에 어떤 영향을 끼치는지 분석할 것이다. 특정 이슈를 이해하는 과정에서 과학은 어떻게 그리고 언제 주도권을 쥐는가? 특정 이슈를 이해하는 과정에서 종교적 · 정치적 · 경제적 관심사는 어떻게 그리고 언제 과학보다 우세해지는가? 6장에서 이 물음들을 다룬다.

우리는 과학의 번역과 번역자를 분석할 것이다. 일반적으로 과학의 연구결과를 과학자가 아닌 사람들에게 번역해주는 이들은 누구인가? 과학의 번역 이면에는 어떤 동기가 있을까? 어떤 때에 번역이 오해나 오도를 일으키는가? 번역은 어떤 때에 효과적인가? 대부분의 사람들이 광고물에 나타난 과학의 사용이나 뉴스로 접하는 과학적 발견에 너무나 익숙한 나머지 크게 주의를 기울이지 않는지도 모른다. 그러나 우리 자신과 사회를 위해 당연히 주의를 기울여야 한다. 7장의 주제는 과학의 번역이다.

차례

3장
과학의 문법

4장
담론과 사실

1장

언어

우리 모두와 마찬가지로 과학자도 자신이 고찰하는 개념, 사물, 과정을 서술하고 설명하고 명명하기 위해 말을 찾아야 한다. 과학자의 설명과 묘사, 사물과 개념에 대한 명명은 생각을 소통하고 지식을 생산할 때에 매우 중요하다.

하지만 그 어떤 설명이나 용어도 현상의 모든 특성을 다 포착할 수는 없다. 과학자는 보통 대부분의 조건에서 참인 것을 찾아내는 일에 관심을 기울인다. 그래서 전형적으로 그들의 언어는 현상에 관해 가장 일반적으로 관측할 수 있고 예측할 수 있는 바를 포착한다. 예를 하나 들어, 심리학자와 의사가 진단할 때에 쓰는 '주요 우울증(Major Depressive Disorder)' 의 임상적 정의에 관한 가장 최근의 글을 보자.

주요 우울증

증상 특징 |

우울증의 가장 중요한 특징은 우울한 분위기에 싸이거나 거의 모든 활동에 대해 흥미나 즐거움을 상실하는 증상이 최소 2주 동안 진행된다는 점이다. 어린이와 청소년에서 그런 분위기는 슬픔보다는 신경과민에 가깝게 나타난다. 또한 개인들은 이에 더해 다음과 같은 목록에 나타나는 증상들 중에서 최소 네 가지 증상을 경험해야 한다. 즉 입맛이나 체중, 수면, 정신 활동의 변화, 기력 저하, 의욕상실이나 죄의식, 생각하기나 정신 집중, 의사결정의 어려움, 죽음에 대한 잦은 생각, 자살 의지 또는 시도 등이다. 우울증으로 진단하려면, 어떤 증상이 새로 나타나거나 환자의 이전 증상 상태에 견줘 명백하게 악화되어야 한다. 증상들은 최소 2주 동안 거의 날마다, 하루 중 대부분의 시간 동안 지속되어야 한다. 사회적·직업적 또는 다른 중요한 활동 영역에서 임상적으로 유의미한 고통이나 장애가 증상 발현에 동반되어야 한다. 완화된 증상을 지닌 일부 사람들한테는 이런 활동이 정상으로 이뤄지는 것처럼 보일 수 있지만 이 경우에도 활동하는 데에는 눈에 띄게 더 많은 노력이 요구될 수 있다.

우울증의 분위기를 두고 사람들은 우울하다, 슬프다, 희망이 없다, 낙담에 빠졌다, 울적하다라고 묘사하는 경우가 자주 있다(특징 A1). 몇몇 사례들에서 처음에는 슬픔을 부인했다가 뒤이어(예컨대, 당신은 금방이라도 울 것처럼 보인다고 지적하는) 인터뷰에서는 슬픔을 드러내는 경우도 있다. 감정이 없어졌다고, 만사가 귀찮아졌다고, 걱정 근심이 늘었다고 호소하는 몇몇 경우에는 우울한 기분이 얼굴 표정이나 태도에 묻어나기도 한다. 몇몇 사람들은 슬픔의 감정을 보고하기보다는 신체적인 불편(예를 들어 몸의 통증)을 호소한다. 많은 사람들은 신경과민이 증가했음을 보고하거나 드러낸다(예를 들어 완고한 분노, 즉 노여움, 남 탓하기, 사소한 문제에 대한 과장된 좌절감으로 반응을 나타내는 경향). 어린이와 청소년들에서는 슬픔이나 낙담의 기분보다 신경과민이나 성마름의 기분이 더 발전할 수 있다.(『진단과 통계 편람』: 349)

정신질환을 연구하고 치료하는 사람들은 정신질환을 지닌 이들이 가장 자주 보고하는 이런 경험들을 포착하는 묘사나 설명의 언어를 공유할 수 있어야 한다. 분명한 신체적 징후나 실험실의 우울증 테스트가 없다면, 정신질환 전문가는 자신의 정신 또는 정서 상태를 전하는 환자의 설명에 의지해 진단해야 한다. 가장 일반적인 우울 증상에 관한 표준적이고 믿을 만한 묘사가 없다면 정신질환 전문가는 환자를 진단할 수도 없고 전문가끼리 분명하게 소통할 수도 없을 것이다. 우울증에 관한 『진단과 통계 편람(DSM, Diagnostic and Statistical Manual)』의 정의를 사용할 때에, 전문가는 환자의 언어를 『진단과 통계 편람』에 나오는 우울증의 표준적 언어와 맞춰보려고 노력한다. 앞의 '우울증'에 관한 글을 읽으면서, 의사가 환자의 언어를 '읽고' 우울증의 언어로 번역하는 과정에서 어떤 방향으로 나아가는지 주목해보라. 환자는 스스로 '슬프다' 라고 말하지 않을지 모르나 의사는 '인터뷰를 통해' 그런 반응을 이끌어낼 수 있다. 환자가 '심드렁한 느낌을 털어놓을' 때에도 우울증은 '환자의 얼굴 표정과 태도에서 유추' 될 수 있다. '일부 경우에', '일부 사람들한테서', '많은 사람들한테서' 같은 문구들이 사용된 점도 주목하라. 임상의 묘사는 엉망인 기분을 느낀 경험들에 나타나는 불가피한 차이를 설명하고자 시도하고 있다. 환자의 문화 배경, 성차와 나이, 신체 조건들 때문에 환자는 우울함을 다른 방식으로 경험하고 묘사할 수도 있다. 그러나 더 정확한 진단을 보증하기 위해 우울증에 관한 임상적 언어는 대부분 환자들이 보고하는 경험만을 포착해야 한다. 과학 언어는 개별적이거나 독특한 것보다는 일반적이고 통상적인 것을 포착한다.

과학적 언어 vs. 시적 언어

과학 언어의 기능을 이해하는 한 가지 방법은 그것을 시적 언어가 기능하는 방식과 대비하는 것이다. 과학자와 시인은 모두 경험을 가장 정확하고 효과적으로 전하는 언어를 찾으려 한다. 실험실에서건 인간관계의 일상세계에서건 둘은 모든 유형의 '데이터' 를 해석하고자 세심한 관찰과 예리한 지각에 의지한다. 시구의 억양과 운율에서건 방정식의 폭넓은 적용에서건, 과학자와 시인은 둘 다 우아함을 좇는다.

그러나 시집과 과학 보고서는 마치 다른 행성에 사는 존재들이 각자 쓴 것처럼 보인다는 점을 여러분은 아주 잘 알고 있다. 이런 두드러진 차이는 대개 과학과 시가 별개의 두 집단으로 분리되어 따로 발전해온 문화적 · 전문가적 전통의 결과이다. 과학계는 대부분의 조건에서 참이거나 대부분의 시간에 불변하는 것 그리고 다양한 맥락에 적용할 수 있는 것을 구축하고자 한다. 시인 또는 문학인은 유일하고, **주관적**이며 여러 뜻으로 해석되고 쉽게 변하는 것을 구축하고자 한다. 시인은 자신의 시를 읽은 독자가 재현할 수 있거나 할 수 없는 유일하고 개별적인 경험을 음미하기를 희망한다. 과학자는 자신의 연구보고서를 읽은 독자가 그 연구**방법**을 재현하거나 데이터를 새로운 상황에 적용할 수 있기를 바란다.

실습

1. 미국의 시인 에밀리 디킨스가 지은 '시 258'(보기 1)을 읽어보라. 이탤릭체로 처리된 부분에 관심을 집중해, 디킨스가 우울함과 절망감을 어떻게 이야기하고 있다고 생각하는지 요약해보라. 디킨스가 묘사하는 그런 우울함도 치유를 받아야 한다고 디킨스가 믿었으리라고 생각하는가?

2. 앞쪽에 실린, DSM의 우울증에 관한 정의를 한 번 더 읽으라. 두 가지의 보기글에서 볼 수 있는 주요한 차이는 무엇인가?

| 보기 1 |

겨울날의 오후
비껴 쬐는 한 줄기 햇살
대성당의 육중한 노래처럼
무겁게 *누른다*

우리에겐 *하늘에서 온 고통*
겉으로 상처자국 찾을 수 없으나
내면은 서로 다르네
의미들이 거기에 있네

아무도, 누구도 햇살을 가르쳐줄 순 없어
그것은 *봉인된 절망*
우리에게 전해진
대기의 *장엄한 고뇌*

햇살이 다다를 때, 세상 풍광은 귀 기울이고
저녁 어스름은 숨을 죽인다
햇살이 사라질 때 머나먼 무엇인 양
죽음의 모습 어른거린다

두 개의 보기 글은 우울함에 관한 것인데, 각자는 우울함에 관해 아주 다른 무언가를 이야기한다. 과학 글에서 우울함은 치유해야 할 질환이지만 시에서 그것은 변화된 또는 고양된 존재 상태와 같다. '하늘에서 온 고통'은 '내면'의 '의미'에 이르고 '장엄한 고뇌'에 이른다. 그것이 생겨나고 사라짐은 겨울 풍광을 가로지르는 빛의 성질에 비유할 수 있다. 과학 글은 우울 증상에 관해 가장 일반적으로 참된 설명이라고 정신병리학계가 동의하는 바를 전달하려는 목적을 띠지만 시는 다른 사람들의 경험에 비춰볼 때에 참일 수도 있고 아닐 수도 있는 한 사람의 주관적 경험을 전달할 뿐이다. 두 글에 나타난 언어는 모두 다 정교하고 묘사적이지만, 각자의 글은 우울함의 실재에 관한 일부만을 전한다. DSM은 우울 증상 중에서, 공통적으로 가장 많이 경험되어 질환 진단에 가장 손쉽게 기여할 수 있는 부분을 부각한다. 시는 우울 증상 중에서 이보다 덜 공통적인, 개인적으로 경험하는 형이상학적 부분들, 진단이나 치유에 맞지 않는 부분들을 부각한다. 사실 이는 시에서 약점이라기보다 강점으로 나타난다.

과학 언어는 편견과 감성에서 벗어나야 한다

1660년에 창설된 영국 전국과학아카데미인 런던 왕립학회의 창설자들은 과학 언어라면 응당 자연을 세심히 묘사해야 한다고 강조했다. 1667년에 토머스 스프래트(Thomas Spratt)는 "추정부터 하는 것을 내내 삼가고 자연을 낱낱이 관찰함"을 담은 언어가 되어야 한다고 주장했다(Sutton, 1994: 55에서). 실제로 왕립학회의 금언은 "눌리우스 인 베르바(Nullius in Verba)"였는데, 이를 문자 그대로 번역하면 "말에는 아무것도 없다(nothing in words)"는 의미였다. 하지만 왕립학회 성원들이 아무것도 말로 옮길 수 없음을 말하려 했던 것은 아니다. 그들은 언어의 사용에 더 세심한 주의를 기울이고 철저하게 검증되지 않은 지식은 더 면밀히 살피자고 독려한 것이었다. 그들은 독단적인 사람의 주장에, 과대한 수사를 동원한 주장에 의심을 품으라고 강조했다. 그들은 간결한 언어, 되도록 자연의 세부 묘사에 근접하는 언어를 추구했다.

세심하고 묘사적인 언어에 대한 왕립학회의 강조는 그동안 말과 사실이 서로 대립함을 의미하는 것으로 오해받아왔다. 일반 대중은 과학자가 데이터를 *해석*하거나 *아이디어를 발전*시키기보다는 *사실을 보고*한다고 믿는 경향을 보인다. 사람들은 과학 언어가 단순하고 묘사적인 체계일 뿐이기에 실제적인 경험과 견줘볼 때 과학에서 언어의 중요성은 훨씬 덜하다고 여긴다. 과학 교육이 종종 언어를 교재 읽기나 교과서 내용 요약, 실험실 실습 교본 따르기 정도로 축소하는 것도 이 때문이다. 학생들이 과학에서도 인간이라면 누구나 말의 관여를 피할 수 없다는 점을 배우는 일은 드물다. 언어가 없다면 사실도 없을 것이다.

하지만 여러분은 과학 언어가 정치 유세의 언어나 광고 언어, 시의 언어와는 매우 다르다는 점을 이미 알 것이다. 자연에 대한 세심한 묘사라는 목표는 여전히 매우 중요하다. 과학자는 현상의 외형이나 기능, 구성의 특성을 설명하는 데 가장 효과적이고 객관적인 언어를 찾고자 노력한다.

과학 언어의 목표는 문화적 편견과 감성적 애착(emotional attachment)을 만들거나 반영하는 **함축**(connotation)에서 되도록 자유로워지는 것이다. 그러나 함축을 피하고자 아무리 주의를 기울인다 해도, 과학자가 선택하는 언어 자체는 특정 태도와 선입견에서 생겨나거나 그것들과 연합할 수도 있다. 더 중요한 것은 과학자의 연구내용을 서술하는 데 쓰는 과학 언어라 해도, 과학자가 부지불식중에 지닌 문화적 태도와 편견에 영향 받을 수 있다는 점이다.

문화적 함축이 어떻게 과학 언어에 생겨나는지, 또는 어떻게 과학 언어에 영향을 끼치는지 보여주는 좋은 사례는 심리학자들이 동성애를 묘사하는 데 동원했던 언어에서 볼 수 있다.

1971년까지 미국 심리학계는 동성애를 정신 건강의 문제라고 여겼다. 동성애를 인정하거나 받아들이지 않으려는 사회의 압력은 심각한 수준이었고, 이런 상황에서 동성애자들은 치료를 목적으로 삼는 심리요법의 대상이 되었다. 동성애에는 진단할 수 있는 신체적 요소들이 없기 때문에, 심리학은 동성애를 질환으로 정의하고 묘사해야 했던 의학의 일부로 쓰였다. 동성애를 묘사하고 정의하는 과정에서 발전한 언어는 동성애를 질환으로 여기는 태도를 반영하는 동시에 지속시켰다. 그런 태도는 정신병리학자와 일반 대중 그리고 동성애자 자신들에 의해 견지됐다.

그러나 심리치료학계에서 동성애를 보는 관점은 변화했으며 언어도 변화했다. 이런 변화는 사회적 관점의 이동 때문이기도 하지만 환자에게서 얻은 통찰 때문이기도 하다. DSM에 나타난 동성애의 정의와 묘사에서 이런 변화를 추적할 수 있다.

아래는 의사와 정신병리학자들이 정신질환과 인격 장애를 진단하는 데 썼던, DSM의 후속 판본들에서 발췌한 임상적 묘사들이다.

1950년대

000-x60 사회병질적 인격 장애

이 범주에 속하는 사람들은 주로 사회적 측면에서 그리고 지배적인 문화환경과의 조화라는 측면에서 볼 때 질환을 지니며, 단순히 개인적 불만과 대인관계의 측면에서만 질환을 나타내는 것은 아니다. 하지만 사회병질적 반응은 종종 잠재되어 있던 심각한 인격 장애나 신경증, 정신이상의 증세를 보인다. 이는 뇌 기관의 손상이나 질환에 의해 나타나기도 한다. 이런 집단에서는 확정 진단을 내리기 전에, 더 근본적인 인격 장애는 없는지 엄격한 주의를 기울여야 한다. 그런 근원적 장애가 인지되어야 진단을 내릴 수 있다. 다음과 같은 차별적인 반응들이 나타날 수 있다.

000-x63 성적 일탈

이 용어는 예전에 '*병리적인 성 인지*(sexuality)'를 지닌 정신병적 인격으로 분류되었던 병례 대부분을 포괄한다. 진단은 동성애 같은 병리적 행동의 유형을 특정할 수 있다. ……

(『진단과 통계 편람』, 1판)

1960년대

302 성적 일탈들

이 범주는 주로 이성이 아닌 다른 대상을 향해 성적 관심을 갖거나 시체 성애, 아동 성애, 성적 사디즘과 페티시즘처럼 기괴한 환경에서 행해지는 성교에, 통상적 성교의 형태가 아닌 성적 행동에 관심을 갖는 사람들에 해당한다. 다수의 사람들은 자신의 관행에 싫증을 느낀다 해도 정상적인 성 행위를 버리고 이런 것들을 취하지는 않는다. 정상적인 성적 대상에 접근할 수 없기 때문에 일탈적인 성 행위를 하는 사람들에게는 이런 진단을 내리는 게 적절치 않다.

302.0 동성애 [성적 일탈의 한 유형]

(『정신장애 진단과 통계 편람』, 2판)

1970년대

302.00 자아비친화성 동성애

그 중요한 특징은 이성애적 관계를 맺거나 유지하기 위해서 이성애적 관심을 갖고자 또는 증대하고자 하는 욕구가 있다는 것이다. 분명한 진술 속에 공공연한 동성애적 관심의 지속적 패턴이 나타나느냐는 여기에서 중요하지 않으나 그것은 지속적인 고통의 원인이 된다.

어떤 동성애자들의 경우에 자신의 동성애적 충동을 처음 인지하고 거기에 적응하는 과정에서 겪는 어려움 때문에 성격 지향의 변화가 짧게 일시적으로 나타날 수 있다. 그런 동성애자들도 이 범주에 해당한다. 이런 장애를 지닌 사람들은 이성애적 관심을 전혀 보이지 않거나 아주 미약하게 보일 수 있다. 전형적으로는 이성애 관계를 시작하거나 유지하려고 했으나 성공하지 못한 전력을 지니고 있다. 일부 사례에서는 성적 반응이 없을 것이라 예상해 이성애 관계를 시도조차 하지 않은 경우도 있다. 다른 사례들에서는 단기간의 이성애 관계를 유지할 수 있었으나 이성애 충동이 너무 미약해 관계를 유지하기 어려웠다고 호소한다. 이런 장애가 어른이 되어 나타나면 대체로 자녀와 가정을 갖고자 하는 강한 욕구로 이어진다.

일반적으로 이런 장애를 지닌 사람들은 동성애 관계를 지니지만, 종종 육체적으로는 만족해도 동성애에 관한 강한 부정적 감정 때문에 정서적 혼란을 함께 겪는 경우도 있다. 일부 사례에서는 부정적 감정이 너무 강해 동성애적 관심이 환상에서만 나타나기도 한다.

(『진단과 통계 편람 III』, 3판)

현재

'성 정체성 장애'는 성을 넘나들고자 하는 욕구, 관심, 행위가 얼마나 어느 정도의 범위에서 나타나느냐로 따져볼 수 있으며, 고정관념에 따른 성-역할 행동에 대한 단순한 부조화와는 구분된다. 이런 장애는 예컨대 여자아이한테 나타나는 '선머슴 같은 말괄량이'나 남자아이한테 나타나는 '계집애 같은 사내아이'처럼 어린이의 전형적 성-역할 행동 부조화를 설명하는 데에는 부적합하다. 이는 남성성 또는 여성성과 관련한 개인의 정체성 의식에 나타나는 심각한 장애를 뜻한다. 단순히 남자다움이나 여자다움의 문화적 전형에 어울리지 않는 어린이의 행동에 대해서는, 현저한 고통이나 장애를 포함하는 완연한 증상이 나타나지 않는다면, 이런 진단이 내려져서는 안 된다.

(『진단과 통계 편람 IV-TR』)

정신질환과 인격 장애를 진단하는 의사들이 참조하도록 마련된, 동성애에 관한 정의방식이 어떻게 변화해왔는지 주목하자. 1950년대에 동성애는 '병리적인' 것이었으며 '인격 장애' 라는 범주 안에 놓여 '성적 일탈' 이라는 딱지가 붙었다. 그 전문용어들은 겉으로 드러나는 외연적 의미를 담고자 선택됐을 것이다. 그렇지만 잘 알다시피, 이런 용어들은 부정적 의미를 함축하여 전달하며 그런 부정적 의미에는 아마도 동성애에 대한 심리학계의 오해와 혐오가 반영됐을 것이다. 심리학계의 언어는 동성애자에게 '일탈' 과 '사회병리' 같은 딱지를 붙인 채 대중이 쓰는 말로 확산되었으며, 이는 더욱 잘못된 편견을 확산시켰다.

1971년에 심리학계는 동성애가 그 자체만으로는 치유해야 할 질병이 아니라는 점에 동의했다. 그러나 DSM 3판에서도, 여전히 동성애자는 자신의 동성애적 욕구에서 벗어나 안식을 얻으려는 이들로 여겨졌다. 그들의 질환에는 이성애적 반응이 미약하고 동성애적 욕망에는 수치심을 느끼는 특징이 나타나는 것으로 파악됐다. DSM 최신판은

'동성애자' 라는 말을 담지 않는다.

과학 용어의 목표인 객관성과 외연성을 얻기란 쉽지 않다. 현상의 관찰 가능한 특징을 묘사하고자 아무리 세심하게 언어를 선택해도, 편견과 문화적 의미 때문에 언제나 객관성이라는 목표는 실패할 수 있다. 인간은 오류를 범할 수 있다. 우리가 쓰는 언어도 그렇다. 과학자는 연구를 하면서 그런 편견을 완전히 배제할 수 없다. 과학 지식은 학계가 자연에서 일어나는 바에 대한 합리적 해석이라고 인정하는 설명에 의지해 발전한다. 묘사 언어에도 잘못된 편견이 담길 수 있다. 그러나 우리는 그런 편견이 지식으로 나아가는 과정에서 제거되리라는 희망을 가질 수 있다.

과학 언어와 에이즈 유행병

앞에서 말한 대로, 어떠한 언어적 언술도 실재를 완전하게 표현하지는 못한다. 어떤 생각을 묘사하거나 설명할 방법을 선택할 때, 글 쓰는 이나 말하는 이는 자신들이 보는 바, 경험했던 바, 믿는 바에 바탕을 두어 언어를 고른다. 보는 것도 그렇고 경험하는 것, 믿는 것도 제한돼 있다. 과학자는 결코 대상의 전체를 다 볼 수 없다. 대상을 다루는 그들의 실험실 안의 경험에도 한계가 있기 때문이다. 그래서 연구과정에서 자신들이 어떤 것을 발견하리라고 믿는 확신 때문에 완전히 다른 무언가를 발견할 가능성을 놓칠 수도 있다.

항성을 찾는 천체물리학자이건 새로운 질환을 처음 경험하는 의사이건, 과학자는 자신이 본 바를 보고하기 위해 적절한 언어를 찾아내야 한다. 그러나 현상에 대한 과학자의 경험은 제한적이기에, 그들의 묘사는 언제나 부분적이며, 특히 처음 단계에서는 더욱 그럴 것이다. 그래도 과학자의 제한된 묘사는 다른 사람들에게 읽힐 것이며, 어떤 현상에 대해 어떤 이해를 형성할 것이다.

지금은 **에이즈**(AIDS)로 알려진 신종 질환을 최초로 다뤘던 미국 의사들은 당시에 유행병이 될 수도 있는 이 신종 질환에 의학계가 관심을 갖도록 알려야 했다. 그들은 다른 의사들이 환자를 볼 때 인지할 만한 신종 질환의 특징들을 포착해 설명해야 했다. 불행히도 미국에 나타난 최초 환자 집단은 사회적 부랑자인 동성애자와 주사마약 사용자들이었다. 많은 의사들한테, 그들이 마주한 최초의 에이즈 환자는 동성애자들이었다.

에이즈에 대한 최초의 의학적 설명은 가장 쉽게 관찰되는 특징들을 담을 수밖에 없었다. 즉 환자가 동성애자들, 또는 근육주사 약물 사용자라는 점, 그리고 정상적 면역 기능이라면 막을 수 있는 감염이나 종양으로 사망한다는 점이 그것들이었다. 에이즈에 관한 이런 초기의 설명은 임상적 설명으로 정당했으나 새로운 질환에 대한 의학계와 대중사회의 이해를 일정한 방향으로 이끌면서 제한하는 관념들을 만들어냈다. 최초의 의학 보고서를 토대로 신문들은 신종 질환에 '게이 종양'이나 '게이 관련 면역결핍증'이라는 딱지를 붙였다.

보기 2는 이런 과정이 어떻게 진행되었는지 보여준다. 맨 왼쪽은 에이즈를 처음 치유했던 의사들이 직면한 실재를 나타내며, 맨 오른쪽은 게이 남성의 신종 질환에 관한 일부 보고서가 나온 이후 유행병 초기에 처음 등장했던 '실재'를 나타낸다.

실습

여러분은 신종 질환을 보고할 때 쓰인 언어에서 생겨난 에이즈의 관념이 보통 사람들에게 어떤 영향을 끼쳤으며, 신종 질환에 대한 보통 사람들의 이해에 어떤 영향을 끼쳤다고 생각하는가? 에이즈의 초기 관념이 과학 연구에 어떤 영향을 끼쳤다고 생각하는가?

| 보기 2 |

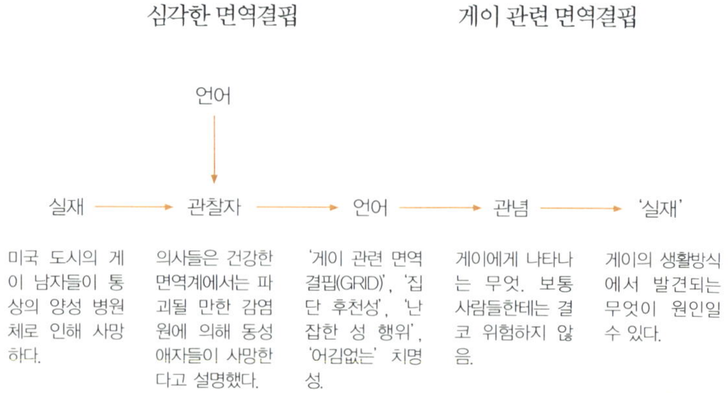

도 · 움 · 말

개별 보고서와 관찰들에서 유래한 어떤 담론의 내재 관념들이 반드시 실재는 아니다. 현상을 묘사하는 데 쓰인 일련의 용어들은 현상의 일부 측면을 포착하지만, 대체로 전체 그림을 담지는 못한다. 초기 유행 때 나타났던 에이즈에 관한 **임상 담론**은 최초의 임상의들이 보았던 바, 여러 가지 의미에서 사회적 천민이면서 이례적인 감염원에 의해 사망하는 환자들의 모습을 담고 있었다.

1981년, 미국에서 에이즈를 처음으로 다루며 묘사했던 의사들은 새로운 증상을 '게이 관련 면역결핍증', 즉 GRID라고 불렀다. 최초의 에이즈 환자 대부분이 게이였기 때문에 의사들은 '게이 관련' 이라는 말을 신종 질환의 객관적 특징이라고 받아들였으나, 이는 잘못된 가정이었다. 불행히도 '게이 관련' 이라는 말을 한동안 미디어가 유포하면서 많은 사람들이 동성애자만이 위험에 처해 있다고 생각하게 만드는 문화적 의미를 전달했다. 나중에야 신종 질환은 '후천적 면역결핍증(AIDS)' 으로 불리게 되었다. '후천적(acquired)' 이라는 말은 GRID보다는 좀 더 외연적이고 객관적인 의미를 지닌 새로운 용어였다. 이는 면역결핍증이 면역계를 억제하는 화학요법 약물이나 영양부족 같은 사전조건의 결과로 생기는 게 아님을 가리켰다. 하지만 '후천적' 이란 말에는 감염을 초래하는 행동이라는 의미도 더해졌다. 사람이 그 질환을 획득하는(acquire) 것은 사실이라 해도, '후천적' 이라는 말은 미묘한 문화적 의미를 함축했는데, 그것은 질병의 획득을 감염자 탓으로 먼저 돌리는 의미를 담고 있다. 지금 쓰이는 용어인 '인간 면역결핍 바이러스, 즉 **HIV**' 는 그런 함축된 의미를 모두 제거한다.

과학 전문용어의 문제점

과학자는 정확하고 신뢰할 수 있으며 의미 있는 전문용어를 만들고자 세심한 주의를 기울인다. 그러나 혼란스럽고 오해의 여지가 있는 모호한 용어 탓에 여러 문제가 생기기도 한다.

문제점 1 | 다른 분야의 과학자들이 같은 용어를 다른 방식으로 정의할 때

미국의 진화생물학자인 스티븐 제이 굴드(Stephen Jay Gould)는 전문용어의 혼란이 끔찍한 결과를 초래한 사례 하나를 들려준다(1988). 굴드 교수의 설명에 따르면, 전문용어인 '**호몰로지**(homology, 상동)'의 의미를 둘러싼 혼란 탓에 어느 연구자가 원숭이 비비의 심장을 인간 아기한테 이식할 수 있다는 그릇된 가정을 하기에 이르렀다고 한다.

1984년 10월 26일, 로마린다대학 의대의 레너드 L. 베일리(Leonard L. Bailey) 박사는 선천성 심장 기형을 지니고 태어난 아기인 '베이비 페이(Baby Fae)'의 가슴에 비비 원숭이의 심장을 이식했다. 초기에는 아기의 반응이 괜찮았으나 결국 그 여자 아기는 비비의 심장에 거부반응을 일으켜 이식 20일 만에 숨졌다.

무엇 때문에 이 과학자는 그토록 무모한 시술을 했을까? 굴드 교수는 과학 언어가 베일리 박사의 사고방식과 행동에 영향을 끼쳤다고 주장한다. 굴드는 베일리 박사가 '호몰로지'라는 말의 의미에 혼동을 일으켜 비비 원숭이의 심장을 베이비 페이한테 이식하는 일을 쉽게 생각했을 것이라 설명한다. 진화생물학과 생화학 두 분야는 호몰로지라는 동일한 말을 서로 다른 의미로 쓰고 있었다.

굴드 교수의 말을 따르면, 진화생물학은 유기체들에게 나타나는 매우 다른 두 가지 유형의 유사성을 구분한다. 즉 **유전학**(genetics)에 의거한 유사성 유형 그리고 공통의 기능을 갖추고 발달한 구조의 유사성 유형이 그것들이다.

1. 호몰로지(Homology): 공통 조상의 후손인 유기체들 간의 유사성. 예를 들어 팔뼈와 손가락뼈는 포유류에서 호몰로지다.
2. 아날로지(Analogy, 상사): 공통의 기능을 갖추고서 별개의 진화적 적응으로 생겨난 유사성. 예를 들어 박쥐, 곤충, 새의 날개는 아날로지다.

분자 수준에서 계통발생을 연구하는 비교생화학은 유기체들이 유사성을 띨 때 그것이 호몰로지 때문인지 **아날로지** 때문인지 확증해주는 기준을 탐색한다. 그렇지만 두 용어로 유사성의 두 유형을 구분하는 진화생물학자와는 다르게, 생화학자는 분자 비교에서 어느 정도의 퍼센트로 서로 일치하는 **DNA** 염기쌍이 존재하기만 하면 유사성의 두 유형 모두에 호몰로지라는 용어를 쓰기 시작했다. 공통의 조상에 대해 여러분은 아마도 80퍼센트가량의 서로 일치하는 DNA 염기쌍을 지니겠지만, 아날로지에 의해서는 일치하는 DNA 염기쌍의 퍼센트가 그

밑으로 떨어질 것이다. 그런데도 공통 조상에서 유래한 유기체들 간의 유사성(진짜 호몰로지)뿐 아니라 공통 기능을 갖추고서 별개의 진화적 적응으로 발달한 유기체들 간의 유사성(아날로지)을 가리키는 것으로 '호몰로지'라는 말이 사용되었다. 비비와 인간의 유사성은 공통 기능을 지닌 구조 때문에 생겨난 것이지 공통 조상에서 유래해 생겨난 것은 아니다. 그러므로 비비의 장기는 인간한테 이식할 수 없다.

베일리 박사가 왜 인간의 심장이나 (유전적으로 인간에 가까운) 침팬지의 심장이 아닌 비비 원숭이의 심장을 사용했는지를 설명하는 말을 들어보자.

> 침팬지는 인간과 더 큰 호몰로지를 공유하는 것으로 여겨진다. 그러나 장기 기여 동물로는 사실상 사용할 수 없다. 일반적으로 비비는 침팬지에 견주면 유전학적으로 인간과 덜 일치하지만, 세심하게 선택하면 '불일치 간극'을 좁히는 일도 가능할 것이다. …… 비비와 인간 림프구 항원 사이에는 어느 정도의 호몰로지가 존재하는 게 분명하다.(Gould, 1988: 31)

굴드 교수는 베일리가 호몰로지라는 말을 "공통 조상에서 유래한 후손 유기체들 간의 유사성이라는 진화적 의미가 아니라 측정을 통해 확인된 전반적 일치라는 부적절한 의미로" 사용했다고 주장한다. 또한 이 때문에 베일리가 "비비 중에서 인간에 가장 가까운 비비와 침팬지 중에서 인간에 가장 먼 침팬지 사이에는 겹치는 부분도 있을 것이고,

그래서 평균적으로는 사람에 더 가까운 게 침팬지라 해도 어떤 특별한 비비는 [장기이식용으로] 쓸 만한 후보가 될 수도 있다는 잘못된 생각에 이르렀다"는 게 굴드 교수의 주장이다(ibid.).

아주 다른 두 가지 유사성의 의미가 하나의 단어에 결합해 있는 바람에 베일리 박사는 인간 아기와 동물 비비 사이에 유사성이 존재하기만 하다면 이식수술도 충분히 할 수 있다고 생각했다.

문제점 2 | 용어가 모호하면 다른 사람에게 다른 것을 의미하게 된다

프리온이라는 용어는 현재 '소 해면상 뇌증(BSE)'과 그것의 인간형 질환인 '크루츠펠트 야콥병' 같은 질병을 일으키는 병원체의 이름으로 쓰인다. 이 용어는 1981년에 미국 과학자인 스탠리 프루시너(Stanley Prusiner) 박사가 도입했다. 프루시너 박사와 실험실 연구팀이 이 질환에서 어떤 단백질이 중요한 역할을 한다는 것을 발견했기 때문에, 애초에 프리온은 '단백질 성질의 감염성 입자'를 대표하는 말이었다. 1997년 노벨상 수상자인 프루시너 박사는 이 질병이 복제에 필요한 핵산을 함유하지 않은 감염성 단백질 입자에 의해 주로 야기된다고 믿었다. 하지만 프리온이 핵산의 도움을 전혀 받지 않고도 실제 작동하는지에 관해서는 의문이 있었고, 이런 의문은 결코 완전히 풀리지 않았다.

리브스가 지적한 대로(2002), 프리온 용어의 문제는 1982년과 1990년대 후반 사이 여러 해 동안에 다음과 같은 매우 다른 두 가지의 의미가 사용됐다는 점이다.

1. 핵산 없는 감염성 단백질 입자.

2. 핵신을 함유하고 있을지 모르는 감염성 단백질 입자.

과학 연구보고서의 저자들은 프리온이 핵산 없이 작용한다고는 믿지 않았지만 프리온이라는 용어를 쓰면서 자신들이 내건 이 용어가 안정된 의미를 지닌다고 잘못 생각했다. 그 연구보고서들의 독자들은 이 용어를 읽을 때 자신들이 참이라고 믿고 싶은 바대로 프리온의 의미를 각자 받아들였다. 그 결과는 혼란과 오해였다(Reeves, 2002).

문제점 3 | 부적절한 과학 용어들

멜빈 코너는 용어가, 검증할 수 없고 검증되지도 않은 이론에 기반을 둘 때에 부적절해진다고 설명한다. 그래서 이런 용어가 쓰인다면 그 용어 때문에 그릇된 이론이 확산된다. 지그문트 프로이트는 어린이가 항문 단계를 거쳐 성장한다는 자신의 **이론**을 설명하려고 '항문기 고착(anal fixation)'이라는 새 용어를 창안했다. 그런 단계가 있는지 과학적으로 입증되지 않았으나 '항문'이라는 용어는 대중적 언어로 스며들어 정리 강박증이나 비축(hoarding) 강박증을 가리키는 말이 되었다. 그러나 애초에 프로이트가 생각한 어린이 변기와 정리 습관 사이의 연계를 보여주는 근거는 발견되지 않았다.

대중의 언어가 됐다고 코너가 지적한 또 다른 부적절한 용어는 뇌를 가리키는 B. F. 스키너의 용어인 '블랙박스'인데, 어떤 기관의 내적 작동이 유전체보다는 환경에 의해 결정될 때 그 기관을 의미하는 용어로 쓰였다. 스키너는 '블랙박스'인 뇌 안에서 어떤 일이 일어나는지 이해하는 길은 외적 행동을 관찰하는 것이라고 믿었다. 학습과 다른 인지 행동에 관련된 유전자 염기쌍의 지식은 늘었지만 '블랙박스'라는 말은 심리학의 담론에서 유지되고 있다.

갈무리

이 장에서 우리는 과학 언어와 전문용어의 목표를 탐구했다. 우리 대부분이 과학 교재에서 과학 언어를 접하기 때문에, 과학 언어가 일부 배타적 집단의 언어처럼 그 구성원만이 해석할 수 있는 언어, 즉 이해하기 힘들며 변화하지 않는 언어라고 믿는 태도를 지닌다. 그러나 다른 언어와 마찬가지로, 과학 언어는 인간의 산물이며 그렇기에 통찰 가능한 대상이다. 또한 환경이 변함에 따라 늘 변한다. 그러나 우리가 일상에서 쓰고 듣는 언어와 달리, 과학 언어는 외연적이고 객관적인 것을 지향하며, 편견이나 감성적 · 문화적 함축을 배제하고 자연 현상의 특징을 되도록 충실히 포착하려는 목표를 갖고 있다. 하지만 언어는 언제나 이런 목표에 저항하기 마련이다. 우리 모두와 마찬가지로, 과학자들도 자신이 처한 문화와 감성의 영향을 받기 때문에 그들의 언어에는 이런 영향이 드러난다. 그래서 과학자들의 언어도 편견을 결코 완전하게 배제하고 완전하게 객관적일 수는 없다.

더 생각하기

1. 많은 작가들이 직접 경험한 우울한 감정에 관한 글을 써왔다. 다음 글 중에서 하나를 읽어보거나, 여러분 자신의 글을 찾아 읽어보라. 정신질환에 대해 작가들은 각각 어떻게 표현하고 있는가? 그들의 경험은 이 장의 앞부분에 제시된, 진단에 필요한 우울증의 정의에 얼마나 잘 들어맞는가?

- 윌리엄 스타이런(William Styron), 『보이는 어둠(Darkness Visible)』
- 실비아 플라스(Sylvia Plath), 『벨 자(The Bell Jar)』
- 엘리자베스 워첼(Elizabeth Wurtzel), 『항우울제의 나라(Prozac Nation: Young and Depressed in America: A Memoir)』

2. 여러분의 선생님들이나 아는 사람들 중에서 과학자 한 명을 찾아 인터뷰하라. 다음과 같은 질문을 해보자.

a. 선생님이 연구 분야에서 언어와 관련된 문제가 있다면 말씀해주세요.

b. 선생님의 연구 분야에서 혼란을 일으키거나 문제가 있는 용어들이 있는지요?

더 읽을거리

· Darian, Steven, *Understanding the Language of Science*, Austin: The University of Texas Press, 2003.

· Gould, Stephen Jay, 'The Heart of Terminology', *Natural History 2* (1988): 24-31.

· Heilbron, J. L., 'Coming to Terms', *Nature* 415 (2002): 585

· Keller, Evelyn Fox, 'Language in Action', in Matthias Dorries, ed., *Expermenting in Tongues*, Stanford, CA: Stanford University Press, 2002: 76-88.

· Konner, Melvin, 'Bad Words', *Nature* 411 (2001): 743.

· Raad, B. L., 'Modern Trends in Scientific Terminology: Morphology and Metaphor', *American Speech* 64.2 (1989): 128-36.

· Reeves, Carol, 'An Orthodox Heresy: Scientific Rhetoric and the Science of Prions', *Scientific Communication* 24.1 (2002): 98-122.

· Sutton, Clive, '"Nullius in verba" and "nihill in verbis": Public Understanding of the Role of Launguage in Science', *British Journal of the History of Science* 27 (1994): 55-64.

인용문 출처

· *Diagnostic Statistical Manual IV-TR*, Washington, DC: American Psychiatric Association, 2000.

2장

과학의 은유

은유(metaphor)가 없다면 우리는 생각할 수도 소통할 수도 없을 것이다. 은유 덕분에 우리는 아는 것이나 보이는 것을 매개로 삼아 알지 못하는 것과 볼 수 없는 것을 표현할 수 있다. 은유 덕분에 우리는 만질 수 있고 느낄 수 있고 볼 수 있는 것을 매개로 삼아, 만질 수 없고 느낄 수 없고 볼 수 없는 것을 이해할 수 있다. 예를 들어 우리는 우리의 감정과 생각을 그려 보여주는 은유에다 구체적 세계와 물리적 공간에 대한 우리의 경험을 사용한다. 우리는 감정이 '올라간다' 또는 '가라앉는다' 라고 말하며, 무언가를 마음 '속에' 담아둔다고도 말한다. 어떤 사람은 '내부자' 이며 어떤 사람은 '외부자' 이다. 어떤 사람은 '좁은' 마음을 지녔고 다른 어떤 사람은 '넓은' 마음을 지녔다고도 말한다.

익히 알고 있는 어떤 경험이나 영역의 세계를, 설명 또는 묘사하려는 다른 경험이나 영역의 세계에 포개지게(mapping) 하는 것을 은유라고 한다면, 여러 의미에서 언어는 모두 다 은유다. 만일 이 책이나 어떤 교재를 설명해보라는 요청을 받았을 때, 여러분은 다른 영역에서 겪은 경험을 이 책을 읽은 경험과 결합하는 은유를 사용할 수도 있다.

'자질구레하네요.'

'빛을 비춰줘요.'

'눈이 번쩍 뜨이게 하네요.'

'수면제잖아요.'

종종 우리는 우리가 은유에 얼마나 많이 의지하는지 알아차리지 못한다. 그래서 은유가 우리한테 얼마나 영향을 끼치는지 이해하지 못한다. 우리는 은유 덕분에 직접 지각하지 못하는 것을 표현할 수도 있고, 은유에 의해 태도나 의견이 형성되기도 한다. 의식적이건 무의식적이건 은유를 사용할 때, 그것은 경험의 한 영역에 담긴 어떤 측면(정보 영역—옮긴이)을 다른 영역(목표 영역—옮긴이)에다 가져가 포개는 것이라고 말할 수 있다. 그런데 이 두 영역의 연결은 부분적일 뿐이다. 이런 연결로 인해 우리는 '목표' 영역의 어떤 측면을 표현하거나 설명할 수 있다. 하지만 그 때문에 은유의 대상이 되지 않은 그 밖의 다른 측면들은 가려진다. 은유에 대해 비판적으로 사유하지 않는다면, 우리는 이런 부분적 진리에만 의지해 살아갈 수밖에 없다.

예를 들어 의학의 영역과 전쟁의 영역 사이에서 흥미롭게 오가는 은유를 다음의 문장에서 찾아낼 수 있다.

에이즈에 맞서 싸우는 전쟁에서 우리는 최전선을 맡고 있습니다. 결국에는 궁극적 무기인 백신을 개발해 적을 물리칠 것입니다.

정보 영역		목표 영역
전쟁 : 적을 식별하고 물리치기	→	의학 : 질병을 식별하고 물리치기

외과 수술식의 타격은 부작용 없이 정해둔 목표물을 공격한다. 그 지역을 말끔히 제거하는 게 작전이다.

의학 : 질병을 식별하고 물리치기	→	전쟁 : 적을 식별하고 물리치기

의학에서는 전투의 은유가 널리 쓰인다. 의사와 과학자는 전투에 참가해 적군인 질병에 맞서 싸우는 용맹스런 전사로 그려진다. 전투 은유는 결국에는 전쟁에서 승리할 것이며 아군이 이길 것이라는 낙관적 태도를 만드는 데 도움을 준다. 그러나 전투 은유가 언제나 도움이 되는 것은 아니다. 현대 의학이 수많은 질병을 예방하고 치료하는 데 엄청난 진보를 이뤘지만, 결코 적군을 완전히 정복할 수는 없다. 의학의

승리라는 비현실적인 기대를 하다 보면, 우리는 세계에 두루 존재하는 의학의 실패라는 현실—신종 전염병의 등장, 제3세계 보건의료의 열악한 상황, 약물 연구의 상당 부분을 좌우하는 이윤 동기—을 못 본다.

또한 전쟁 언어로 나타나는 의료와 위생의 은유들은 현대 군사 무기와 군인의 정밀성과 전투력에 대한 믿음을 만들어낸다. 그러나 대부분의 경우에 의학 은유들은 전쟁의 추악한 현실을 가리며, 덕분에 우리는 낙하하는 폭탄에 편안함을 느끼기도 한다.

실습

최근의 자료들을 이것저것 찾아보면서, 여러분이 읽거나 전해들은 말 중에서 은유를 담은 것들을 기록해보라. 그런 뒤에 여러분이 찾은 은유 몇 가지를 분석하라. 무엇이 '정보 영역'의 구실을 하며 어떤 영역을 설명하는 데 사용되는가? 이런 은유들의 밑바탕에는 어떤 태도들이 있는가?

(이 실습 과제에 대해서는 도움말이 따로 없음.)

과학의 은유

은유를 일상 언어에서 피할 수 없듯이 과학에서도 피할 수 없다. 자주 사람들은 이미 경험했던 다양한 영역에 의지해 새로운 경험의 영역을 이해하는데, 과학자들도 마찬가지다. 여러 가지 의미에서 과학도 은유에 의지한다는 점에서 인간의 다른 활동과 다르지 않다. 사실 많은 언어학자와 과학자들이 과학의 사상과 실행에서 은유가 중심적이라고 보는 일이 늘고 있다. 화학자인 시어도어 브라운은 과학과 은유에 관한 책에서 이렇게 말했다(Theodore Brown, 2003: 15).

> [은유는] 우리가 '창조적인 과학'이라고 여기는 것의 핵심에 있다. 즉 모형, 이론, 관측 사이에서 상호작용하는 이음새로서, 그 가설과 이론을 정식화하고 검증하는 일이 어떤 성격인지 드러내어 준다. 새로운 실험을 위한 과학자의 반짝이는 생각도, 관측자료에 대한 멋진 발상의 해석도, 그런 생각과 결과물을 다른 사람들과 소통하는 일도, 은유의 사용 없이는 일어나지 않는다.

인간 사회와 언어의 다른 영역들에서 그런 것처럼, 과학에서도 은유는 다음과 같은 몇 가지 차원의 기능을 한다.

- 은유는 과학자들이 눈으로 볼 수 없는 과정이나 대상물의 모형으로서 기능한다.
- 은유는 과정과 대상물의 거동이나 작용을 설명하고 예측하는 이론이 될 수 있다.
- 은유는 과학자들이 비과학자나 과학도한테 복잡한 개념을 설명하고 전달하는 데 도움을 줄 수 있다.

그렇지만 명심할 게 있다. 은유는 무언가를 드러나게 하는 만큼이나 무언가를 숨기는 구실도 한다는 점이다. 어떠한 은유적 연결도 절대적 일치를 보여주지는 않는다. 앞에서 보았듯이, 의학은 실제의 전쟁이 아니며 전쟁은 실제의 의학이 아니다. 그렇지만 은유는 이런 하나의 관념 영역을 다른 하나의 관념 영역 위에 포개어, 좋건 나쁘건 간에 어떤 우세한 관념을 창출해낸다. 이것은 다시 과정에 힘을 보태기도 하고 과정을 무력하게 만들기도 한다. 은유의 이런 기능은 과학에서도 마찬가지다.

실습

다음 보기 3은 **레트로바이러스**가 우리 면역계 세포의 사멸을 어떻게 유발하는지에 관한 설명을 담고 있다. 이런 과정을 설명하는 데 쓰인 은유를 찾아낼 수 있는지 살펴보라. '이차적인' 시스템(잘 알려진 영역)을 가져와 일차적인 시스템(레트로바이러스의 작용)을 설명할 때에 결과적으로 일차적인 시스템에서 무엇이 강조되는가?

| 보기 3 |

일단 감염이 일어난 상태에서 T4세포가 활성화하면, 감염된 T세포는 [건강한 면역계에서 그런 것처럼] 1,000개의 후대를 배출하는 대신에 대략 10개의 소수 구성원만을 갖추는 성장 저해 클론이 된다. 그 10개가 혈류에 도달해 항체의 자극을 받으면 바이러스 생산을 시작하고 이어 사멸한다. (Reeves, 1992: 334)

[세포의] 사멸은 바이러스 외막과 세포막의 상호작용에 좌우될 수 있다. 아마도 이런 상호작용에 의해 …… 세포막에 구멍이 뚫린다. 바이러스는 수많은 입자들로 생겨나기 때문에, 세포는 새로 생긴 구멍들을 그때그때 신속하게 수선할 수 없다. 세포의 내용물이 새어 나오고 결국 세포는 사멸한다.(Reeves, 1992: 334)

도 • 움 • 말

첫 번째 문장에서 우리는 **면역학**의 언어에 널리 쓰이는 전투 은유를 볼 수 있다. 감염된 세포들은 수많은 건강한 '후대'를 '배출할' 수 없게 되며, 소수 '구성원들'을 갖춘 '성장 저해 클론'이 된다. 다시 그것들은 흐르는 혈액에 들어가 바이러스를 생산한다. 일차적인 시스템은 바이러스가 면역 세포들 안으로 들어간 뒤에 일어나는 세포 간 활성이다. 이차적인 시스템은 번식과 활성, 쇠약, 죽음이라는 익숙한 개념들이다. 세포에도 '후대'가 있는가? 세포에도 팀을 이루는 '구성원'이 있는가? 그것들은 우리가 생각하는 죽음의 방식으로 '사멸'하는가, 아니면 단지 용해될 뿐인가? 이런 은유들은 세포 간 활성과 바이러스의 활성에서 우리가 이해하는 번식, 활성, 쇠약, 죽음과 비슷한 측면들을 부각한다. 그러나 이런 은유들은 그 과정에 대해 우리가 이해하는 것과 비슷하지 않을 수 있는 '일차적인' 것(세포 간 활성과 바이러스 활성)의 아주 중요한 측면들을 가릴 수도 있다. 과학자들이 '임시 모형일 뿐'이라고 말하는 이차적인 묘사에는 우리의 일상 경험에서 유래하는 은유들이 사용된다. '구멍이 뚫린다'와 '새어 나간다' 같은 말은 물이 담긴 봉지에 구멍이 생기는 듯한 장면을 떠올리게 한다. 저자들이 인정하듯이 이 은유는 그 과정을 설명하는 방법이자 하나의 **가설**을 보여주는 방법으로서 구실한다.

모형으로서 은유

이제 우리가 눈으로 볼 수 없는 과정과 대상물을 보여주는 모형들이 어떻게 은유로 쓰이는지 살펴보겠다. 시어도어 브라운에 의하면(2003: 23), 우리는 종종 어떤 모형에 너무 익숙해 그게 은유라는 것조차 깜빡 잊는다고 한다. 그는 널리 통용되는 메탄 분자의 재현물을 하나의 사례로 든다.

브라운은 이 모형에 두 가지의 은유적 관념이 담겼다고 설명한다. 하나는 원자들이 구형체로 그려진다는 점이며, 다른 하나는 화학적 결합이 원자들 사이에서 견고한 막대기 모양으로 나타난다는 것이다. 화학 실험 연구에서는 이런 모형 내에서 포착되는 다음과 같은 확실한 사실들이 산출돼왔다.

1. 메탄 분자 1개에는 4개의 수소 원자와 1개의 탄소 원자가 존재한다.
2. 모든 수소 원자는 탄소 원자와 동일한 관계를 맺고 있다. 화학적으로 수소 원자끼리는 결합하지 않는다.
3. 원자들은 구형체이다.
4. 탄소와 각 수소 원자들 사이에는 고유한 거리가 유지된다.

구형체와 견고한 막대기는 실험에서 이뤄지는 관측의 결과와도 맞

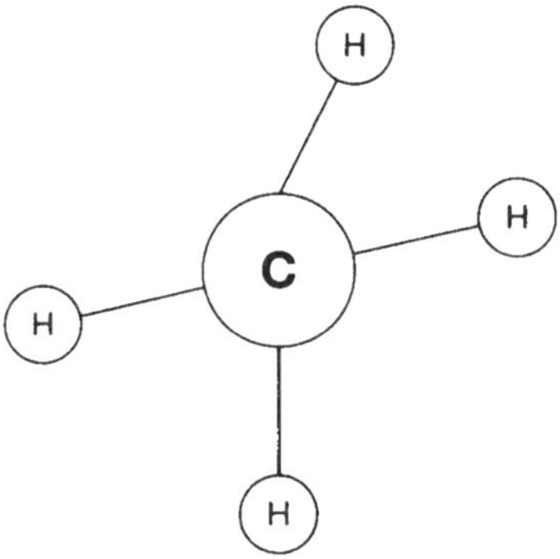

아떨어진다. 그렇지만 이는 여전히 은유이다. 왜냐하면 이 모형은 문자 그대로의 재현물로는 볼 수 없기 때문이다. 브라운은 다음과 같이 말한다.

> 공과 막대기로 이뤄진 모형은 메탄 원자의 중요한 측면들을 보여주지만 다른 측면들에는 들어맞지 않는다. 실험적 증거로 볼 때, 원자는 딱딱한 구형체 같다기보다는 바깥 끝으로 갈수록 부드러운 고무공에 좀 더 가깝다고 할 수 있다. 바깥쪽은 탱탱볼 같고 안쪽은 딱딱한, 그런 고무공 같은 모습이어야 은유도 적절하게 기능할 것이다.(ibid.: 24)

그는 이와 같은 모형들이 "과학적 설명에서 매우 일반적인 것이 되었으며 너무 아름답기에, 그 모형들이 있는 그대로를 묘사한다는 생각에 쉽게 승복하게 된다"고 덧붙인다(ibid.: 24).

이론으로서 은유

은유는 설명을 한다는 기능에 더해 이론이 될 수도 있다. 은유는 현상을 설명할 뿐 아니라 예측하고 실험을 기획하는 데에도 쓰일 수 있기 때문이다. 1609년에 천문학자 요하네스 케플러는 저서 『새로운 천문학(Astronomia Nova)』을 쓰는 목적이 "천상의 기계가 신의 유기체를 닮은 게 아니라 시계를 닮았음을 입증하려는 데 있다"라고 썼다(Johnson-Sheehan, 1998: 175에서 인용). 케플러의 이런 말은 당시에 갈등을 겪던 두 가지 주요 이론인 '유기체 자연' 이론과 '기계 자연' 이론 중 하나를 선호하고 있음을 보여준다. 여기에서 '유기체 자연'과 '기계 자연'이라는 표현들은 '**기반 은유**(root metaphor)'이다. 기반 은유는 다양한 자연 현상들에 쉽게 적용되는 단순하고 미적이며 근본적인 관념을 말한다. 두 기반 은유의 몇 가지 의미를 정리하면 이렇다.

기계 : 입력, 출력, 구성부품, 도구, 효율성, 생산성, 목표.
유기체 : 자기유지, 적응성, 개별성, 번식.

실습

기계와 유기체의 은유들을 보기 4에서 제시된 현상들에 모두 적용할 수 있는지 생각해보라. 이런 은유들은 각 현상에 담긴 어떤 측면을 설명하고 있는가? 이런 은유들은 각 현상에 관해 어떤 관념을 만들어내고 있는가?

| 보기 4 |

몸 지능 학습 언어

(이 실습 과제에 대해서는 도움말이 따로 없음.)

과학자가 자신이 생각해낸 개념을 설명할 때 도움을 얻고자 선택한 은유에서 과학 이론이 시작되는 일도 종종 있다. 예를 들어 일부 단백질 분자들에는 '샤프롱'(사교계에 나가는 젊은 여성의 보호자—옮긴이)이라는 이름이 붙었는데, 다른 단백질이 적절한 구조를 갖추고 또 다른 단백질과 정확히 조립되는 데 도움을 주는 계열의 단백질이기 때문이다. '샤프롱'이라는 말을 처음 쓴 과학자들은 '보호자', '안내자'라는 익숙한 의미를 활용해 세포 안의 어떤 분자 메커니즘이 중대한 상호작용을 돕는다는 개념을 표현하고자 했을 뿐이다. 그러나 브라운이 지적했듯이(2003: 153), 샤프롱 개념은 빠른 속도로 하나의 이론이 되었고 세포생물학에서 샤프롱 기능의 역할에 관한 새로운 가설들을 이끄는 이론으로서 '독자적인 생애'를 보여주었다.

실습

보기 5는 과학자들의 사고과정에서 샤프롱 개념을 사용한 하나의 사례다. 과학자들이 자신의 가설에 어떤 새로운 은유를 쓰고 있는가?

| 보기 5 |

사전에는 트라이지(triage)라는 말이 '치료 우선순위에 따른 환자의 분류'로 정의되어 있다. 이 경우에는 세포 단백질이 환자다. 트라이지의 제1단계는 당연히 손상되어 치료를 요하는 단백질을 식별해내는 일일 것이다. …… 일단 손상된 단백질이 식별되면 제2단계의 판단이 이뤄져야 한다. 즉 그 환자의 생명을 구할 수 있을까 하는 판단이다. 샤프롱 또는 샤프롱 구성 요소들은 …… 우선 잘못 접힌 단백질을 교정하는 일에 나서야 할 것이다. 구조적인 손상을 입어 치료가 불가능한 가망 없는 경우에는 낮은 등급으로 처리해야 한다. (Brown, 2003: 156)

도 · 움 · 말

샤프롱 단백질이 손상된 단백질을 어떻게 치료하는지를 설명하는 은유의 원천으로서, 병원이라는 관념의 영역이 사용되었다.

원자 구조 이론으로서 은유

원자 구조에 관한 이론들은 은유적이다. 브라운이 지적하듯이, 과학자들이 쓰는 원자 모형의 은유들은 그런 은유적 이론들이 맞는지 입증하고자 하는 실험을 설계할 때 하나의 안내자가 되기도 한다.

건포도 푸딩의 은유

1800년대 말에 영국의 과학자 톰슨(J. J. Thomson)이 발전시킨 원자 구조의 초기 모형은 '건포도 푸딩' 원자 모형이라는 이름으로 알려졌다(ibid.: 79). 당시에 이 모형은 원자 내부의 양전하와 음전하의 분포를 설명하는 방편으로서 제안되었다. 이 모형에서 원자는 전자들과 균형을 유지하는 양전하의 구름으로 구성되는데, 구름은 푸딩으로 은유되며 전자들은 건포도로 은유됐다. **건포도 푸딩 모형**은 그 모형이 옳은지 검증하는 데 쓰인 계획적 실험에서 안내자가 되었다. 이런 실험들에서 엑스선 빔은 산란되었다. 그리하여 과학자들은 양전하와 음전하의 분포를 좀 더 자세히 들여다봐야 했다. 실험들은 전자들, 즉 음전하가 이전에 생각했던 것보다 더 적음을 보여주었다. 당시의 물리학자들이 믿던 바에 비춰보면 이런 상황은 직관에 반하는 것이었으며, 쉽게 이해될 수 없는 것이었다. 음전하가 생각보다 더 적다면 어떻게 양전하를 붙들어둘 수 있을까? 충분한 전자가 존재하지 않는다면 어떻게 양전하와 음전하가 원자 내부에서 균형을 이룰 수 있다는 말인가? 건포도 푸딩 모형은 수정돼야 할 것처럼 보였다. 브라운 교수의 말을 빌리면, 톰슨은 자신의 모형을 견지하기로 결정했는데 그 이유는 그것이 자신의 실험결과와 일치했고, 또한 그가 "잘 알려진 물리학 법칙의 일부가 언젠가 들어맞지 않음이 증명될 것을 알게 되리라"고 여겼기 때문이다(ibid.: 80). 브라운 교수는 건포도 푸딩 모형이 충분하지는 않지만 은유가 어떻게 "발견의 도구"로서 역할을 했는지 보여준 하나의 사례가 된다고 설명했다. 그것은 "명백한 실험의 실패들 덕분에 개선 또는 대체의 필요성에 대한 관심이 생기고 새로운 실험을 향한 길을 제시하기" 때문이다(ibid.: 80).

건포도 푸딩 모형을 좇아, 어니스트 러더퍼드(Ernest Rutherford)가 1906년에 맨체스터대학에서 알파 입자의 산란을 연구하는 실험을 고안했다. 이에 앞서 그는 알파선, 베타선, 감마선이라는 방사능 방출의 세 가지 형태를 식별해낸 바 있다. 산란 실험에서, 러더퍼드는 알파선 빔을 쏘아 박막을 통과하게 했다. 알파 입자는 전자보다 더 크고 무겁다고 알려졌기 때문에, 알파 입자들이 박막을 때리고 지나갈 때 크게 흩어질 것으로는 기대하지 않았다. 그래야 건포도 푸딩 모델에도 맞았다. 즉 '건포도'가 더 무겁다면 부딪히는 것을 비껴 회절하기보다는 그 안쪽으로 '박힐' 가능성이 더 높았기 때문이다. 실험결과는 놀라웠다. 연구자들은 적은 수의 알파 입자들이 큰 각도로 회절된 것을 발견했는데, 이는 무거운 알파 입자와 무언가의 사이에서 충돌이 일어났음을 보여주는 것이었다. 이런 결과는 건포도 푸딩 모형에 반하는 증거로 여겨질 만했다. 하지만 러더퍼드는 건포도 푸딩 모형을 즉시 포

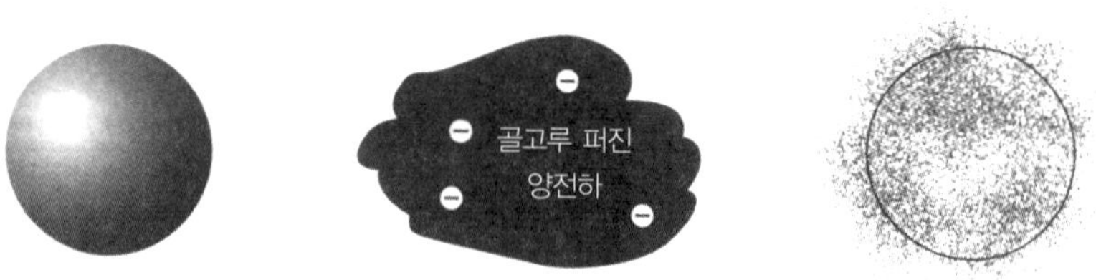

쪼갤 수 없는 원자
(견고한 구형)

건포도 푸딩 원자

러더퍼드 원자

(출처 : http://www.lbl.gov/abc/wallchart/chapters/02/1.html)

기하지는 않았다. 그가 원자 구조에 관한 옛 이론을 다시 생각하고 그것을 핵 원자의 개념으로 대체하기까지는 1년이나 걸렸다. 무거운 알파 입자의 일부가 산란한 이유를 설명하기 위해, 러더퍼드는 원자의 **핵 모형**을 만들었다. 그 모형에서는 크나큰 전하를 지닌 작은 입자, 즉 핵이 원자 안에 존재했으며, 그 핵은 우연히 부딪힌 알파 입자를 회절 시킬 만큼 강했다.

과학 교육에 쓰이는 은유

과학에 흥미를 느끼는 비과학자들과 과학도들은 종종 과학자들이 복잡한 개념이나 과정을 설명하는 데 쓰는 은유에서 도움을 받는다. 소통을 위한 은유가 과학자들한테는 이론적 용도를 제공하지 않을 수 있지만, 과학을 우리가 익숙하게 여기는 관념의 영역으로 가져오는 데에는 도움을 준다. 간혹 사회생활의 영역에서 가져온 은유들이 대중들에게 익숙하지 않을 수도 있다. 다음의 문장에서는, 기관차의 이미지가 DNA 복제를 돕는 단백질 조합체를 설명하는 은유로 사용되었다.

> 이제 'phiX174' 로 되돌아가서 여러 단백질들로 구성된 조합체(프리모솜)의 분자적 작동에 관해 설명할 수 있겠다. 그 조합체는 DNA 사슬의 시작점이 된다. 기관차의 이미지가 프리모솜의 작동

을 설명하는 데 잠시나마 도움이 될 것처럼 보였다. ATP 에너지에서 동력을 받는 …… 엔진인 단백질 n′가 헬리카제다. 그것은 DNA 이중나선의 지퍼를 여는 구실을 하며 선로에 놓인 SSB(단일 가닥 결합 단백질)를 제거하는 기관차 배장기(기관차가 달릴 때 선로의 장애물을 밀어내 제거할 수 있도록 기관차의 맨 앞쪽에 단 구조물—옮긴이)를 갖추고 있다. 또 다른 단백질 dnaB는 헬리카제이면서 동시에 엔지니어다. 이것은 ATP 동력을 이용해 DNA 선로의 어떤 부분의 위치를 찾거나 그 부분의 형상을 만든다. 이어 선로 위에다 프리마제가 짧은 RNA 조각을 놓을 수 있고, 다시 RNA 조각은 DNA 폴리머라제를 끌어와 DNA 사슬을 시작하게 한다. 이 프리모솜은 DNA에서 오직 한 방향으로만 이동한다. 그래서 프리모솜은 늘 복제 염색체의 앞쪽 분기 부위에 놓이게 된다.(Kornberg, 1989: 19)

콘버그는 기관차의 이미지가 "잠시나마 도움이 될 것처럼 보였으나" 더 이상 설명의 기능을 하지 못할 것 같다는 점을 인정했다. 특히 독자가 '기관차 배장기' 같은 용어에 익숙하지 않다면 더욱 그러했다.

실습

보기 6에서 HIV(에이즈를 일으키는 것으로 밝혀진 인간 면역결핍 바이러스)가 우리 세포에 어떻게 침투하는지를 보여주는 설명을 읽고서, 여기에 쓰인 은유들을 찾아보라.

| 보기 6 |

HIV는 gp120과 gp41로 불리는 한 쌍의 단백질 분자를 이용해 목표물 세포에 침투할 통로를 확보한다. 이 분자들은 바이러스의 외막, 즉 '껍질'에 마치 머리카락처럼 달라붙는다. '머리카락' 같은 이 분자의 가닥 일부가 HIV의 목표물 세포 표면에 부착된 다른 세 가지 분자들에 달라붙는다. 이때 이들은 서로 자물쇠와 열쇠처럼 들어맞는다. 목표물 세포의 분자들 중에는 CD4라고 불리는 단백질이 있는데, 그것은 조력자 T세포와 대식세포라는 면역계의 두 가지 세포에서 나타난다. (조력자 T세포들은 외래 물질을 인식하며 그에 대한 면역 반응을 조절한다. 대식세포는 외래 입자를 잡아먹어 몸 밖으로 제거한다.) HIV가 사용하는 두 번째 목표물 세포 분자는 CCR5로 알려진 수용체다. 정상 상태에서 이것은 외래 물질을 만났을 때에 백혈구 세포가 숨겨둔 어떤 작은 단백질과 결합한다. 융합 영역으로 알려진 세 번째 수용체가 gp41의 목표물이 된다. 바이러스 단백질인 gp120이 CD4 분자와 케모카인 수용체 모두와 결합할 때, 그리고 gp41이 융합 영역과 결합할 때, 목표물 세포로 통하는 '문'이 활짝 열린다. 바이러스 막은 세포막과 융합하며 바이러스는 세포 안으로 침투한다.(Rajan, 2004: 40)

도 • 움 • 말

이 글에서 라잔은 HIV가 숙주 세포에 침투하는 과정을 설명하는 면역학 언어의 흔한 은유뿐 아니라 우리에게 익숙한 은유도 사용하고 있다. 머리카락, 열쇠와 자물쇠, 문 같은 은유 덕분에 그는 결코 눈으로 관찰할 수 없을 것 같은 일련의 과정까지 설명할 수 있다. 또한 그는 오랫동안 면역학의 일부로서 이어져온 뿌리 깊은 은유들을 사용했다. 유전학의 언어와 마찬가지로 면역학 언어에는 은유들이 많다. T림프구는 오래전부터 면역계라는 '오케스트라'의 '지휘자'로 묘사되었다. 한편으로 전투 은유는 외래 침입자 또는 적군과 우리의 '조력자'와 '살해자' 림프구 사이에 나타나는 관계의 특징을 보여준다.

'조력자 T세포는 외래 물질을 인식한다.'
'대식세포는 외래 입자를 잡아먹는다.'
'두 번째 목표물 세포는 …… 정상 상태에서 어떤 작은 단백질과 결합한다.'
'세 번째 수용체는 융합 영역으로 알려져 있다.'

우리는 여기에서 이런 언어에 익숙한 사람들이라면 알아차리기 힘든 몇 가지 은유를 보게 된다. 분명하게도 '조력', '인식', '잡아먹기' 또는 '먹기'를 포함하는 일상 경험의 영역은 실험적 관측 사실에 포개져 이런 설명의 언어를 창조한다. 그러나 T세포들은 '조력'을 행하는 게 아니며 단지 '반응'하고 있을 뿐이다. 그것들은 어떤 물질을 '외래 물질'로 '인식'하는 게 아니라 단지 특정 신호에 반응하도록 유전적으로 프로그램 되었을 뿐이다. HIV는 실제로 특정 세포를 '목표'로 설정하는 게 아니라 그것들에 이끌린다. 이런 은유들은 실험에서 관측된 바를 표현하기 위해 다른 관념 영역에서 차용된 것일 뿐이다. 그 과정의 진실을 모두 다 포착하는, 절대적으로 있는 그대로를 보여주는 묘사란 존재하지 않는다.

실습

지금 쓰고 있는 과학 과목 교재들 안에서, 학생들에게 어떤 개념을 가르치는 데 사용된 은유들을 찾아보라. 교육의 대상이 되는 과정 또는 대상물에 어떤 익숙한 영역의 은유들이 포개져 있는가?

(이 실습 과제에 대해서는 도움말이 따로 없음.)

유전학의 언어

읽기, 쓰기, 커뮤니케이션 같은 언어 은유를 빼고서 유전학을 얘기하는 것은 불가능하다. 문법, 글자, 쓰기, 읽기, 커뮤니케이션을 아우르는 인간 언어는 우리 유전자 내부에서 어떤 일이 일어나는지 설명할 때 중요한 은유의 영역으로서 기능해왔다. 우리 DNA가 복제되는 과정과 우리 몸을 형상화하는 과정 사이에 나타나는 복잡한 상호작용은 언어 또는 커뮤니케이션의 은유들로 포착된다. 읽기와 쓰기, 번역, 전사, 암호화, 해독 같은 사례들을 생각해보라. 예를 들어 유전자의 '메시지'는 '메신저' RNA에 의해 리보솜으로 전달된다. 거기에서 그것은 단백질로 '번역'된다. 사실 DNA 자체는 종종 '하나의 문헌, 거대한 역사 텍스트'라는 관념으로 표현된다. "그러나 이 화학적 텍스트의 은유는 시각적 효과 이상을 보여준다. DNA는 …… 책의 철자들과 …… 기능면에서 유사하다"(Pollack, 1989: 4). 실제로 읽기와 쓰기라는 일반적 주제는 DNA에 관한 논의에서 널리 퍼져 있다.

> DNA는 각 세포 안에 들어 있는 교본과 같다. 책을 만드는 데 쓰인 알파벳은 A, T, G, C로 아주 단순하다. 그러나 그 알파벳이 어떻게 배열해 단백질로 표현되는 문장(유전자)이 될까? 세포는 어떻게 책 전체를 건너뛰며 특정한 때에 특정 단백질을 만들어내는 유전자만을 읽을 수 있을까?(Darian, 2003: 95)

이블린 폭스 켈러는 언어 또는 읽기/쓰기의 은유는 우리가 유전학을 설명하고 예증하는 데 도움을 줄 뿐 아니라 미생물학자와 유전학자들한테 나타나는 특정한 패턴의 사고방식에 영향을 끼친다고 믿는다(2002). 켈러는 읽기와 쓰기 은유로 인해 과학자는 자신을 **인간 유전체**(게놈)를 "읽는 사람"과 "다시 쓰는 사람"으로 여기고 있다고 말한다.

미국 국립보건원(NIH) 인간게놈프로젝트의 웹사이트에서, 프로젝트 책임자인 프랜시스 콜린스가 쓴 다음의 진술은 인간 게놈 지도의 중요성을 설명할 때 사용된다.

> 이것은 역사서, 즉 우리 종의 시간 여행에 관한 서사다. 이것은 모든 인간 세포를 만드는 데 필요한, 믿기 힘들 정도로 상세한 청사진을 담은 정비지침서(shop manual)다. 그리고 이것은 공중보건 제공자들한테는 질병을 처치하고 예방하고 치유하는 데 엄청나게 새로운 힘을 제공하는, 통찰을 갖춘 변형된 의학서다.

다른 모든 은유들과 마찬가지로 '생명의 책' 은유에서도 일부의 개념들이 더 강조되고 그 밖의 다른 개념들이 덜 강조된다. 이런 낙관적인 은유 표현에서는 인간 유전체의 책들을 읽을 수 있을 뿐만 아니라 질병을 예방하고 치유할 목적으로 그것을 '다시 쓰기' 할 수 있는 우리의 능력이 강조된다. 우리가 훌륭하게 읽는 사람이 되지 않을 가능성이나 우리의 '다시 쓰기'가 생명의 '책들'을 파괴할 가능성은 이런 매우 낙관적인 선언에서는 바깥으로 밀려난다.

언젠가 우리는 유전학의 '생명의 책' 은유가 기이하게 단순화하는 모습을 볼 수도 있다. 언어의 구조와 개인 간 커뮤니케이션의 체계는 DNA, 유전자, 단백질이 어떻게 상호작용하는지에 관해 사유할 때 여러 도움을 준다. 하지만 언어 은유에는 그 은유가 유전자에 적용될 때 참이 아닐 수도 있는 일부 전제들이 담겨 있다. 우리는 커뮤니케이션할 때 어떤 메시지가 누구에 의해 누구한테 전송되는지를 인지하는 방법을 안다. 그리고 우리가 알 수 있는 것은 이런 앎을 가능하게 하는 언어를 공유하기 때문이다. 하지만 유전학에서는 전송자에서 수신자로 나아가는 메시지의 운동이 결코 그렇게 단순하지도 않으며 아주 쉽게 발견될 수 있는 것도 아니다.

언어는 관찰과 경험을 묘사하고 보고하는 수단 그 이상이다. 언어는 우리가 세계에 관해 사유하고 세계를 이해하는 능력을 제한하면서 동시에 가능하게 한다. 심지어 과학에서도 객관성과 입증의 표준들과 더불어 현상을 묘사, 설명, 예증하고 모형화하는 데 쓰는 언어는 하나의 사유방식을 낳을 수 있다. 그런데 그것은 그 현상에 관해 전적으로 정확할 수도 있고 그렇지 않을 수도 있다.

실습

보기 7의 글들에서 쓰인 은유들을 찾아보라. 그 은유의 목적은 무엇인가? 입증하려는 것인가, 모형을 제시하려는 것인가? 아니면 교육을 위한 것인가? 은유는 다른 과학자를 대상으로 고안돼 이론화를 돕는 구실을 하고 있는가, 그게 아니면 비과학자를 위해 고안돼 설명의 구실을 하고 있는가?

| 보기 7 |

1. 면역계가 여러분이 공격을 이겨내도록 어떻게 돕는지를 보여주는 사례 연구 하나를 제시하며 이 장을 맺기로 하자. ……

여러분의 몸은 보이지 않는 적들에 대항해 내내 싸운다. 걷는 동안에 당신의 발에는 상당수의 토양 박테리아가 묻는다. 그리고 못이 당신의 피부에 찰과상을 낸다면 수천 마리의 박테리아가 피부 속에 옮는다. …… 그들의[박테리아의] 대사산물은 여러분의 세포 기능에 개입하고 있다. 만일 그런 침공이 제지되지 않는다면 당신의 생명은 위협받을 것이다.

당신이 그 박테리아에 처음으로 노출된 것이라면, 부름을 받고 몰려드는 B세포와 T세포들은 거의 없을 것이다. …… 그러나 어릴 적에 여러분의 몸은 이런 침략에 맞서 싸워 침략자를 물리쳤으며, 그래서 지금도 그 투쟁의 흔적(기억세포들)을 간직하고 있다. 염증이 진행될 때 B세포와 T세포는 혈류에서 벗어나기도 한다. 이들 대부분은 다른 항원에 반응하는 특정한 것이기에 이번 전투에는 참여하지 않는다. 하지만 이제 기억세포들이 항원과 결합해 활성화한다. 처음 이틀 동안에 박테리아들은 승리자처럼 보인다. 그것들은 식세포들보다 더 빠르게 번식하며 …… 식세포들을 파괴한다. 사흘째 되던 날에, 항체 생산이 정점에 이르면서 전세는 역전된다. 이후 2주 동안에 항체 생산이 지속될 것이며 마침내 침략자들은 싹쓸이될 것이다. 반응이 완결된 뒤에 기억세포들은 계속 돌아다니면서 앞으로 또 있을지 모를 미래의 투쟁에 대비할 것이다.(Darian, 2003: 99)

2. 그러나 사실, 사투리 언어가 그렇듯이 품종마다 별개의 기원을 지닌다고 말하기는 어려울 것이다. 사람은 약간의 구조 차이를 지닌 개체를 보존하고 거기에서 씨를 얻는다. 또 자신이 갖고 있는 최상의 동물들끼리 짝짓기 하도록 아주 세심한 주의를 기울이는 방식으로 품종을 개량한다.(Darwin, 1859: 40)

도 • 움 • 말

1. 우리가 이미 보았듯이 전투 은유는 면역 반응을 연구하는 면역학에서 표준적인 은유다. 이 은유는 면역세포가 몸에 침입한 바이러스, 박테리아들과 벌이는 상호작용에 관한 훌륭한 이론을 제공한다. 여러 가지 의미에서 그 과정은 방어력과 공격력이 참여하는 전투와 같다. 이 문장에서 저자는 그 은유를 극적으로 사용하여 청중에게 항체 반응에 관한 교육을 하고 있다.

2. 이 문장에서 찰스 다윈은 사투리 언어의 은유를 사용한다. 그럼으로써 그는 사투리와 마찬가지로 동물 품종이(암시적으로는 인간을 포함해 다른 종들도 마찬가지로) 단일 창조 사건이 아닌 어떤 유형의 힘이 선택했기 때문에 시간이 지날수록 진화한다는 논증을 편다. 그의 저서 『종의 기원』에서, 다윈은 동물 육종 같은 유비, 사투리 같은 언어의 은유를 사용해, 지상에서 생명체는 자연선택의 결과로 시간이 지나며 진화했다고 독자를 설득하고 있다.

갈무리

다른 사람들과 마찬가지로 과학자도 은유를 피해갈 수는 없다. 과학자들은 자연 현상을 설명하고 예증하고자 은유를 의도적으로 쓴다. 또는 일부 은유는 인지하기 힘들 정도로 너무나 뿌리 깊게 자리 잡아 과학자들이 무의식적으로 이런 은유를 쓰기도 한다. 의식적으로 쓰건 무의식적으로 쓰건 은유는 미묘하게 우리의 세계관을 형성하고 제한함으로써 우리 모두한테 영향을 끼친다.

- Brown, Theodore, *Making Truth: Metaphor in Science*, Urbana and Chicago: University of Illinois Press, 2003
- Darian, Steven, *Understanding the Language of Science*, Austin: University of Texas Press, 2003.
- Darwin, Charles, *On the Origin of Species*, London: John Murray, 1859. [찰스 다윈, 『종의 기원』, 송철용 옮김(동서문화사, 2009). 이 외에 번역서가 여럿 있다.]
- Hesse, Mary, *Models and Analogies in Science*, London: Sheed & Ward, 1963.
- Johnson-Sheehan, Richard, 'Metaphor in the Rhetoric of Scientific Discourse', in John T. Battalio, ed., *Essay in the Study of Scientific Discourse*, Stamford, CT: Ablex Publishing, 1998: 167-80.
- Keller, Evelyn Fox, *Refiguring Life: Metaphors of Twentieth Century Biology*, NY: Columbia University Press, 1995.
- Keller, Evelyn Fox, 'Language in Action: Genes and the Metaphor of Reading', in Matthias Dorries, ed., *Experimenting in Tongues: Studies in Science and Language*, Stanford: Stanford University Press, 2002: 76-88.
- Lakoff, George and Mark Johnson, *Metaphors We Live By*, Chicago: University of Chicago Press, 1980. [조지 레이코프 · 마크 존슨, 『삶으로서의 은유』, 나익주 · 노양진 옮김(박이정, 2006).]
- Pollack, R., *Signs of Life: The Language and Meanings of DNA*, London: Viking, 1989.
- Reeves, Carol, 'Owning a Virus: The Rhetoric of Scientific Discovery Accounts', *Rhetoric Review* 10.2 (Spring 1992): 321-36.

인용문 출처

· Kornberg, A., 'Never a Dull Enzyme', *Annual Review of Biochemistry* 58 (1989): 19

· Rajan, T. V., 'Fighting HIV with HIV', *Natural History* Februrary (2004): 38-44.

3장

과학의 문법

앞에서 우리는 과학의 사유방식과 과학 지식의 소통뿐 아니라 여기에 기여하는 전문용어와 은유의 언어를 살펴보았다. 과학 언어에서 또 하나의 중요한 요소는 문장 안에 단어들을 정렬하고 문장들의 구조를 정렬하는 문법이다. 만일 여러분이 전문 학술지에 실린 과학 논문을 읽고자 한 적이 있다면, 탄식을 쏟아내며 포기했을 수도 있다. 전문용어만이 기이하거나 공식만이 난해한 게 아니며 논문에 실린 시각물만이 이해하기 어려운 게 아니다. 문장 자체도 해독이 쉽지 않다. 간혹 과학자들은 서툰 문장가들이라고 말할 수 있다. 저명한 진화생물학자이자 수필가인 스티븐 제이 굴드는 과학 산문이 그토록 읽기 어려울 이유가 없다고 주장한 바 있다(2003: 132).

> 커뮤니케이션의 방식에 세심한 관심을 기울이는 인문학 학자들을 멀리하며 우리가 스스로 거리를 두어왔기 때문에, 우리는 자기참조적인 우리만의 수레바퀴를 굴려오면서 글쓰기의 인위적 표준과 규칙을 발전시켜왔다. 그로 인해 사실상 클럽하우스 밖에서는 과학 논문을 읽을 수 없게 되었다.

그러나 과학 산문 문체의 관행과 발달을 연구해온 사람들은, 나쁜 글쓰기의 문제는 차치하고 과학 산문 문체가 여러 중요한 점에서 과학적 사유와 실천을 돕는 데 기여해왔다고 주장한다. 과학 문법 또는 산문 문체에 드러나는 뚜렷한 몇 가지 특징들은 효율적이고 경제적인 커뮤니케이션의 필요성뿐 아니라 이론 구축에도 도움을 주었다고 이들은 강조한다.

문법적 은유의 이론

언어학자인 M. A. K. 할리데이는 과학 글쓰기가 다른 유형의 글쓰기와 어떻게 그리고 왜 다른지에 관한 이론을 제시한 바 있다(Halliday, 1998). 그는 우리가 인식하지 못한 채 일상생활에서 사용하는 어떤 언어 능력을, 과학 담론이 잘 활용하고 있다고 가르쳐준다. 그는 이를 '**문법적 은유**(grammatic metaphor)' 라고 부른다.

문법적 은유는 우리가 이론적으로 사유하는 과정을 보여준다. 그 과정은 다음과 같다.

1단계 : 우리는 어떤 경험을 지니고 있다.

2단계 : 우리는 그 경험을 언어로 '구성'한다. 즉 우리는 자신에게 또는 다른 누군가에게 우리의 경험에 관해 이야기한다.

다음과 같은 경험을 했다고 가정해보자.

토요일 밤에 우리는 클라우스홀에서 열리는 세컨드시티 극단의 공연이 시작되기 전에 정기회원임을 입증하는 티켓을 보여주지도 않은 채 정기회원용 라운지에 앉아 공짜 와인을 마셨어.

할리데이에 의하면, 언어 문법 덕분에 우리는 경험을 묘사할 수 있을 뿐 아니라 그 경험을 '재구성(reconstrual)'할 수 있다. 즉 다른 목적과 다른 맥락에서 경험을 표현하고, 또 경험을 다시 표현한다. 언어가 이렇게 경험의 재구성을 허용하는 방식은 과학에서만이 아니라 일상생활에서도 우리가 어떻게 이론화를 행하는지를 보여주는 핵심에 놓여 있다.

언어를 통해 경험을 **'재구성'** 한다는 것은, 할리데이가 말한 **'일치적인 것**(the congruent)'이 **'기교적인 것**(the technical)'으로 이동하는 것과 관련된다. 일치적인 것은 우리가 경험을 이해하는 첫 단계라고 말할 수 있다. 일치적인 표현방식은 우리가 재구성하기 이전의 경험을 담는다. 위의 사례가 경험의 '구성'을 보여주며 이런 표현은 '일치적이다'라고 불릴 수 있다.

> 3단계 : 우리는 우리의 경험을 '재구성'한다. 미래에 어떤 종류의 경험이 나타날 것으로 예상되는지에 관한 이론으로서 그 경험을 다시 생각하고 다시 진술한다.

할리데이가 지적하듯이, 문법을 빌려 우리는 동사와 형용사를 명사로 바꾸는 방식으로 경험을 '재구성'할 수 있다. 이를 일러 **'명사화(nominalization)'**라 하는데, 그 과정에서 우리의 표현은 이론적인 것에 가까워진다. 우리는 경험을 다시 생각할 수 있고, 이처럼 다시 생각하는 과정은 언술을 이루는 부분들의 변동으로 나타난다. 경험을 '재구성'하는 과정에, 동사들에서 '명사 그룹'이 어떻게 창출될 수 있는지 주목해보자.

> 공연 전 *무료 와인 시음*은 시즌 티켓을 가진 사람들만의 특전이다.
> *티켓 제시*는 요구되지 않는다.

이제 우리는 문법적 재구성에 의해 이뤄진 두 가지 이론을 볼 수 있다. 하나는 만일 우리가 내년에 시즌 티켓을 구입한다면 모든 공연 전에 무료 와인을 마실 수 있다는 것이다. 그러나 우리는 곧장 라운지로 가서 시치미를 뗀다면 시즌 티켓 없이도 무료 와인을 마실 수 있다고 이론화할 수도 있다. 중요한 것은 우리가 동사에서 명사로 옮아갈 때에 의식하고 있건 관습적으로 행하건 상관없이 '기존의 경험'에서 '미래의 경험에 관한 이론'으로 옮아가고 있다는 점이다.

문법적 은유는 하나의 문법 카테고리에서 다른 문법 카테고리로 이동함을 뜻하는 할리데이의 용어다. 이는 서로 다른 영역이나 카테고리들 간의 추상적 연관이라는 통상적 또는 어휘적 은유를 말하는 것은 아니다.

다른 카테고리들 간의 추상적 연관을 함축하는 **어휘적 은유**(lexical metaphor)와 달리, 문법적 은유는 행위, 속성, 대상물의 상태를 다시 형상화하고 바꾸어놓는다. **언어적 변형**(linguistic transformation)의 연쇄사슬이 생겨나며, 거기에서 (동사 또는 부사로 표현된) 행위 또는 속성은 (명사로 표현된) 대상물(thing)이 된다.

여기에 다른 예증이 있다.

일치적 구성 :

사라는	주차시간표시기에	돈을 집어넣었다.
인물	배경	과정

그래서	그녀는	주차위반 딱지 떼기를	피했다.
접속사	인물	과정	과정

은유적 '재구성' :

주차시간표시기에 돈 *집어넣기*는 주차위반 딱지 떼기를 *피하기 위한 것*이다.

(다음에 쓰인 두 개의 문법적 은유는 모두 품사와 상태의 이동을 보여준다.)

집어넣다(동사/과정) → 집어넣기(명사/대상물)
피하려 한다(동사/과정) → 피하기 위한 것(명사/대상물)

실습

보기 8은 경험에 대한 '일치적인' 표현의 사례들로 내가 가르치는 학생들이 제시한 진술이다. 동사나 수식어를 명사로 바꾸는 방식으로 다시 진술하여 좀 더 이론적인 표현을 만들어보라.

| 보기 8 |

- 나는 학생인데도 방문자 주차구역에 주차를 했으나 주차위반 딱지를 받지 않았다.
- 마이크는 크리켓 선수이며 아주 영리하다.
- 나는 주요 과목 수업에서 졸았지만 그래도 좋은 점수를 받았다.

이런 진술들에서 우리가 얼마나 쉽게 추론하거나 이론을 끌어낼 수 있는지 주목해보라. 만일 어느 날 우리가 방문자 주차구역에 차를 주차하고도 주차위반 딱지를 받지 않는다면 우리는 그런 위반을 다시 할 수 있을 거라고, 즉 방문자 주차구역에 주차하기는 허용된다고 이론화할 것이다. 아니면 우리는 두 번째 진술을 "크리켓 경기에는 영리한 선수가 필요하다"는 진술로 재구성할 수도 있다. 또는 만일 우리가 수업에서 졸고도 과목을 망치지 않았다면 "주요 과목 수업들에서 조는 일은 괜찮고, 심지어 좋은 일이다"라고 생각할 수도 있다. 요점은 이렇다. 우리가 단 한 번의 경험에서 만들어내는 기대들이나 이론들은 언어의 문법 자체에 의해 지탱된다는 것이다. 그래서 누구나 다 알듯이 언어 없이는 이론적으로 생각하기가 불가능하다.

실습

보기 9는 재구성된, 즉 기교적인 문체 몇 가지를 보여준다. 이 진술들을 '일치적인' 것으로 되돌릴 수 있는지 살펴보라.

| 보기 9 |

- 읽기 숙제 건너뛰기는 어떤 수업에서도 충분히 대충 넘어갈 수 있다.
- 당신이 여기에서 정치과학을 전공한다면, 기대할 수 있는 결과물은 자유주의다.
- 학점 인플레이션은 학생들이 자기 교수들을 평가하는 시기에 나타나는 일이다.

도 · 움 · 말

이것들은 문법적 재구성에 의한 진술 사례들이다. 각 진술은 이론의 바탕이 된 원래의 경험을 엿보여준다. 예를 들어 한 학생이 읽기 과제를 한 번 건너뛰고서 수업을 그럭저럭 해냈다면 그 학생은 건너뛰기가 기나긴 읽기 과제들을 통과하는 방법이라고 이론화할 수 있다. 아니면 어느 자유주의적인 정치과학 교수를 경험한 학생은 그 교수 집단 전체가 자유주의적일 것이라 여길 수도 있다. 또는 좋지 않은 평가를 우려해 학생들을 기분 좋게 하려고 점수를 높여주는 어떤 교수는 모든 교수들이 이렇게 행동하고, 그래서 학생의 교수평가와 학점 높여주기 사이에는 인과관계가 있다고 여길 수 있다. 우리의 언어가 한 번의 경험으로도 이론화할 수 있다는 간편함 때문에 여러분은 위험을 느낄 수도 있다. 한 번의 상황에서 X가 참이었다고 그것이 언제나 참일 것이라 가정한다면 그것은 잘못된, 심지어 위험한 가정이다.

문법적 은유와 과학 이론

문법적 재구성의 과정은 과학 이론이 어떻게 발전하는지를 보여주는 핵심에 놓여 있다. 이 과정은 과학자들이 실험 경험에 참여하고 그 경험을 언어로 구성하고 다시 재구성하는 오랜 기간에 걸쳐 발전할 것이다. 간혹 과학자가 자신의 연구결과와 구상을 소통하기 위해 쓴 글들에서 그런 과정이 눈에 도드라지게 나타나기도 한다. 이런 글들에는 과학자의 사유에 나타나는 재구성과정을 보여주거나 비춰주는 문법적 은유가 담기곤 한다. 그러나 그것들은 또한 저자들이 논증을 전개할 때 그것을 뒷받침하는 구실을 한다. 할리데이가 제시한 다음 사례를 보자.

> 만일 전자들이 절대적으로 *구분 불가능한* 것이 아니라면, 두 개의 수소 원자는 실제로 나타나는 것보다 훨씬 더 약하게 결속된 분자들을 구성할 것이다. 두 원자에 있는 전자들의 절대적 *구분 불가능성* 때문에 두 원자 사이에는 '여분의' 인력이 생긴다.(1998: 202; 이탤릭체는 나의 강조)

사례 글에는 속성(구분 불가능한)이 '대상물'(구분 불가능성)로 전환되는 문법적 이동이 담겨 있다. 여기에서 저자가 어떻게 형용사 '구분 불가능한'을 명사 '구분 불가능성'으로 부드럽게 변형하는지 주목하라. 특성은 이제 원자들이 어떻게 상호작용하는지에 관한 이론의 일부로서 대상물이 된다.

글을 쓰는 이들이 동사나 형용사를 명사로 바꿀 때에 그들은 과정, 특성, 속성을 가져다가 대상물을 '창조'할 수 있다. 문법적 은유 덕분에 커뮤니케이션을 하는 사람들은 몇 가지 중요한 과제를 완수할 수 있다. 다음의 사례에서 일치적 진술은 어떤 행위를 묘사하는데, 그 행위는 재구성의 과정에서 명사가 되면서 그것이 객관적 현상이라는 지위가 공고해진다.

일치적 구성 :
정상의 단백질이 *잘못 접혀* 비정상의 형태가 된다.

기교적 재구성 : (동사에서 명사로)
단백질의 *잘못 접힘*은 감염의 연쇄사슬에서 시초의 사건이 된다.

단백질이 어떻게 질병의 원인이 될 수 있는지를 설명할 때, 소 해면상 뇌증(BSE)과 유사 질병을 연구하는 과학자들은 단백질이 잘못된 방식으로 접힐 수 있다는 관찰 사실에서 시작한다. 단백질이 잘못 접히면 감염된 조직에서나 발견되는 그런 형태의 단백질을 만들어낼 수 있다. 결과적으로 이런 관찰 사실은 이론적 진술로 재구성되는데, 이론적 진술에서 '접힘'이라는 작용은 대상물, 즉 '잘못 접힘'이라는 명사가 된다. 동사에서 명사로 바뀌는 문법의 전이 덕분에 질병 원인 이론을 세울 수 있고, 거기에서 잘못 접힘은 질병의 시초 사건이 된다.

문법적 은유와 과학 전문용어

BSE와 다른 관련 질병을 연구하는 과학자들은 이제 그런 질병들의 원인을 대표해 '프리온'이라는 단어를 쓴다. 이 용어는 핵산의 도움 없이도 단백질이 질병을 일으킬 수 있다는 개념을 전한다.

압축하기

'프리온'이라는 용어는 사실상 다른 문법적 요소들을 하나로 압축한 결과물이다.

일치적 묘사, '프리온'은 본래 무엇을 대표하는가 :

'단백질 성질을 지닌	감염성	입자'
형용사/특성	형용사	존재

문법적 전환 :

프리온(여러 수식어와 특성들을 하나의 대상물인 프리온으로 압축.)

'압축하기(compacting)' 덕분에 감염성 단백질이라는 논쟁적 개념을 하나의 용어 내부로 '가둘' 수 있었다. 과학자들은 감염성 단백질이라는 개념에 동의하지 않을 때조차 '프리온'이라는 용어를 사용하기 시작했다. 어찌 보면 '프리온'이란 용어가 감염성 병원체처럼 거동하면서, 단백질 입자가 핵산 없이도 질병을 일으킬 수 있다는 이론을 해당 분야에 '감염'시켰다고 말할 수도 있겠다.

증류하기

'프리온'이라는 용어가 폭넓게 사용되는 것은 다른 문법적 은유, 즉 '증류하기(distilling)'의 덕분이기도 한다. **증류하기**는 하나로 압축된 용어가 반복되면서 다른 문법적 요소로 재구성될 때 나타난다. 사례로 살펴본 '프리온'은 새로운 카테고리로 이동하면서 훨씬 더 많은 과학자들이 그 용어를 사용했다.

프리온학(Prionics), 프리온 과학, 프리온 단백질, 프리온 단백질 유전자.

증류하기가 일어날 때마다 '프리온'은 새로운 대상물이 되며, 질병 이론의 생산과 진흥에 참여하는 존재가 된다.

문법적 은유와 과학 논증

아래 두 진술은 1982년 《사이언스》에 실린, 스크래피(광우병, 즉 BSE로 잘 알려진 질병과 비슷하며 양에게서 나타나는 치명적 질병)의 원인에 관한 리뷰 에세이에서 가져온 것들이다. 1번 문장의 동사구에 주목한 뒤에, 다시 이 논문의 뒷부분에 나타나는 2번 문장의 동사구에 어떤 일이 일어나는지 살펴보라.

1. "연구자들은 감염된 조직에서 질병과 연계된 핵산을 *지금까지 찾을 수 없었다.*" (Prusiner, 1982: 137)
2. "감염된 조직 내 질병과 연계된 핵산의 부재는 질병의 원인에 관여하는 다른 과정들을 숙고해야 할 이유가 된다." (ibid.: 144)

첫 번째 문장에 있는 "지금까지 찾을 수 없었다"라는 동사구가 변형돼 "핵산의 부재(lack)"로 명사화됐다. 찾을 수 없음이라는 행위는 무엇의 부재라는 대상물이 되며, 그것은 이론적 언어의 기초가 된다. 이 이론의 저자인 스탠리 프루시너는 지금은 '단백질 단일감염체(protein-only)'로 불리는 이론을 발전시키고자 했다. 이 이론에서 단백질은 핵산 없이도 자기복제를 행하며 조직을 감염시킬 수 있다. 문법적 은유의 도움을 얻어 그는 감염성 질병의 새로운 이론을 창안하고 또 계속 발전시킬 수 있었다.

문법적 변형은 과학 경험에 관해 무엇을 보여주는가

1. '경험'은 주로 언어로 표현될 수 있다. 앞에서 설명한 문법적 변동들은 모두 질병의 원인이 무엇인지에 대해 명확한 답을 제시하지 못했던 과학 영역에서 일어난 것들이다. 그러나 언어는 단백질도 감염성을 띨 수 있다는 개념을 발전시키는 데 도움을 주었다.

2. '경험'에서 이론으로 가는 변화는 예컨대 '발견할 수 없음'에서 '무엇의 부재'로 가는 변화, 즉 동사에서 명사로 가는 변화로 시작할 수 있다. 과학자들은 핵산이 전혀 발견된 바 없다고 해서 곧바로 거기에 핵산이 존재하지 않는다는 증명이 될 수 없음을 알고 있었다. 핵산이 너무 적은 양이라서 검출되지 않았을 수 있고, 또는 검출을 방해한

게 단백질 외투를 지닌 비리노(스크래피의 병원체로서 가설로 제시되는 감염성 입자—옮긴이)일 수도 있었다. 그러나 문법적 은유는 그것을 검출할 '능력이 없다'는 것보다는 핵산의 '부재'에 기대는 이론 구축의 과정에 힘을 실어주었다.

3. '가능성'을 가리키던 '부재'가 이론화하면서 그 '수사의 꾸러미(rhetorical package)'는 이제 과학자들의 사회적 네트워크를 움직여, 과학자들은 핵산 찾기를 멈추고 질병과 연계된 단백질을 연구하기 시작한다.

할리데이는 "대상물은 우리 문법이 대상물이 그러하다고 말하는 방식대로 존재한다"라고 했다(2003: 187).

하지만 경험을 구성하고 재구성하는 데 쓰인 같은 수단을 사용해 '재구성의 형식에 도전할' 수 있다는 것은, 즉 전달되는 의미에 도전할 수 있다는 것은 좋은 일이다. 경험은 다른 관점으로 재구성될 수 있는 것이다.

문법적 은유와 학술 글쓰기

여러분은 여러 대학 교재들에서 과학 담론의 특징을 이미 보았을지도 모른다. 사회과학과 자연과학의 모든 분과가 이런 특징들을 지닌다.

여러분은 지금까지 다룬 특징들이 과학에 초점을 맞춘 모든 학문 분과가 채택한 '주된(master)' 학술 담론들에 담겨 있다고 말할 수도 있다. 훌륭한 학생이 되기 위해서는 이런 '주된 담론'을 숙달하고 그것을 읽고 쓰는 법을 배울 필요가 있다. 독서 과제물을 이해하려고 노력할 때, 여러분은 종종 전문적 담론을 '여러분 자신의 언어', 다시 말해 일치적인 언어로 바꿔 말해보라는 요구를 받기도 한다. 그런 방향으로 나아가는 첫 단계는 그 담론의 내용이 무엇이며 이리도 이해하기 힘든 이유가 무엇인지를 배우는 것이다.

갈무리

이 장에서 우리는 언어와 생각이 어떻게 연관되어 있는지에 대해 좀 더 배웠다. 언어 문법 덕분에 우리는 경험을 말로 옮기면서 그 경험을 두루 생각할 수 있다. 우리는 동사를 써서 경험을 행위로서 포착하지만, 곧이어 새로운 유형의 사고를 발전시키는 새로운 진술을 구성하기 시작한다. 그것은 최근의 경험을 기억하고 기록하는 그런 종류일 뿐 아니라 미래에 대비하는 사고이기도 하다. 많은 과학자들이 기본적으로는 이와 같은 방식으로 이론을 생산한다. 물론 훌륭한 과학자라면 어떤 이론에 대한 충분한 믿음이 생기기 전까지는 반복된 경험과 재현가능성이 있어야 한다고 주장할 것이다. 문법적 은유, 즉 경험의 표현에 나타나는 '동사에서 명사로 나아가는 전환'은 과학적 사고와 논증에서 필수적이다.

더 생각하기

1. 여러분이 쓰는 사회과학 또는 자연과학 교재들 중 하나를 골라, 문법적 은유라고 생각되는 문장(행위나 속성들이 명사들로 바뀐 부분) 하나를 찾아보라. 그 문장을 따라 써보고 명사화를 제거해보라.

2. 여러분이 행한 무엇 또는 그저 발생한 무엇을 묘사하는 '일치적인' 문장 하나를 써보라. 그 문장에서 문법 카테고리를 바꿔 앞에서 본 사례처럼 '기교적인' 문장으로 바꿔보라. 거기에는 미래와 관련한 어떤 이론이 담겨 있는가?

더 읽을거리

- Gould, Stephen Jay, *The Hedgehog, the Fox, and the Magister's Pox: Mending the Gap between Science and the Humanities*, New York: Three Rivers Press, 2003.
- Halliday, M.A.K., 'Things and Relations: Regrammaticizing Experience as Technical Knowledge', in J. R. Martin and Robert Veel, eds, *Reading Science: Critical and Functional Perspectives on Discourse of Science*, London and New York: Routledge, 1998.

인용문 출처

- Pruisner, Stanley B., 'Novel Proteinaceous Particles Cause Scrapie', *Science* 216 (1982): 136–44.

4장

담론과 사실

『텍스트 연구(Working with Texts)』에서 말하듯이(238, 291-2), '담론'이라는 용어는 어떤 공동체 안에서 전개되는 언어 사용의 규칙 체계를 가리킨다. 그것이 의식적 선택에 의한 것이건 문화나 다른 요인으로 생겨난 것이건 상관없다. 또한 '담론'은 특정한 공동체나 어떤 맥락에 결속해 있다고 이해되는 언어의 패턴을 가리키기도 한다. 우리는 '과학 담론'을 과학자들 사이에서 사용되는, 규칙이 지배하는 언어 패턴, 즉 일반적 과학 언어라고 말할 수 있다.

모든 언어는 규칙의 지배를 받는다. 우리가 말하거나 글을 쓸 때에는 발음, 어순, 숙어를 이끄는 규칙만이 아니라 특정 공동체에서 의사소통을 위해 쓰이는 특정 규칙을 따라야 한다. 과학계처럼 전문화한 사회에서는 규칙이나 관습이 새로운 압력과 필요에 반응해 진화하고 변화한다. 때때로 저널 편집장들과 저자들은 문서 커뮤니케이션을 더 효율적으로 하기 위해, 또 의미를 더 분명하게 하기 위해 규칙을 새로 바꾸거나 추가하는 의식적 결정을 내리기도 한다. 하지만 대체로 이런 언어와 담론의 규칙은 그 사회의 문화 규범과 내외적 압력의 결과로서 시간이 흐르면서 발전한다. 예를 들어 실험논문은 짧아지고 더 전문화되었으며, 초기 형태의 서사적인 '이야기' 식의 목소리는 사라졌다.

실습

보기 10과 11에 실린 두 발췌문을 살펴보라. 둘 사이에 어떤 차이가 나타나는가? 대명사, 능동태와 수동태가 어떻게 사용되는지 살펴보라. 그 밖에 어떤 점에서 두 글은 다른가?

| 보기 10 |

《사이언스(Science)》, 1.2 (1883년 2월 16일)에 실린 아이러 렘슨(Ira Remsen)의 논문 「화학 작용에 끼치는 자기의 영향」의 첫 번째 단락에서.

1년 넘게 지난 일이지만 나는 자력이 화학 작용에 영향을 끼치는지 확인할 목적으로 행한 몇 가지 실험들을 설명한 적이 있다. 자력이 화학 작용에 뚜렷하게 영향을 끼친다는 견해를 지지할 만한 강한 증거를, 나는 최소한 하나의 사례에서 얻는 데 성공했다. 이런 결론의 기초가 된 주요 실험을 짧게 설명하고자 한다. 얇은 철(페로타이프 판이 사용됐다)로 만든 용기를 자기의 극 쪽에 두고, 거기에 구리 황산염 용액을 부었다. 용기 바닥에서 구리는 균일하게 침전하지 않고, 뚜렷한 선을 그리며 침전했다. 그 선의 방향은 자기력선과 직각을 이뤘다. 더욱이 자기 극 바로 위에서 침전물은 균일했으며, 이런 균일한 침전의 경계 너머에서 아무런 침전물이 없는 1/16~1/18인치 정도 폭의 띠가 나타났다.

| **보기 11** |

《무기 화학(Inorganic Chemistry)》 40.22(2001)의 5581~4쪽에 실린 논문(Tosha M. Barclay, Robin G. Hicks, Martin T. Lemaire, Laurence K. Thompson의 논문 "Synthesis, Structure, and Magnetism of Bimetallic Manganese or Nickel Complexes of a Bridging Verdazyl Radical")에서 발췌.

도입

분자 성분으로 새로운 자기 물질을 설계하고 만드는 일은 최근 재료 연구 분야에서 주요한 주제다. 분자 기반 자석을 만드는 여러 접근법 중에서, 상자성체 금속 이온과 안정된 래디컬들로 구성된 하이브리드 재료는 몇 가지 이점을 지닌다. 금속-래디컬의 직접적 교환상호 작용이 가능하며, 연결하는 래디컬 기반 리간드를 사용해 협동적 자기 속성을 갖춘 확장된 금속-래디컬 구조를 만드는 일이 가능해진다. 후자의 맥락에서 보면, 이 분야의 대부분 연구는 니트록시드 래디컬과 이중래디컬의 연결방식으로 수행되어왔다. 배위결합을 이룬 래디컬 음이온들, 예컨대 TCNE나 TCNQ 또는 세미퀴논 같은 시안탄소들을 함유하는 복합체 역시 관심을 끌어왔다. 하지만 이런 시스템에 쓰이는 고도 테크네슘(Tc) 자석이 희소하다는 점에서, 대안이 될 수 있는 금속-래디컬 조립체 탐구의 필요성이 계속 제기되며 주목받아왔다.

우리와 다른 연구자들은 세심하게 치환해 만든 베르다질 래디컬이 금속을 킬레이트 화합물 올리고피리딘과 유사한 구조 특성으로 바꾼다는 것을 최근에 입증했다. 그리하여 피리딘으로 대체된 베르다질 1과 관련 파생물로 이뤄진 단핵 Ni(II)과 Mn(II) 복합체가 금속-베르다질 자기 교환상호 작용의 성질을 강하게 나타낸다는 것이 제시되었으며, 베르다질 2는 Cu(I) 할로겐 화합물과 1차원 고리형으로 통합되었다. 그렇지만 직접 측정 가능한 자기 배열을 지니는 금속-래디컬 조립체를 만들기 위해서는, 연결 기능의 베르다질과 관련해, 특히 연결된 시스템들에 나타나는 금속-래디컬 교환 현상과 관련해 상자성체 금속 이온의 효율을 탐구할 필요가 있다. 전이 금속과 연결 베르다질의 확장된 배열을 만들기 위한 첫 단계로, 우리는 여기에 2,2′-바이피리미딘, 4의 구조를 모방한 것으로서, 연결 리간드 1,5-디메틸-3·(4,6-디메틸-2-피리미디닐)-6-옥소베르다질 라디칼, 3을 지닌 두 가지 모형의 쌍핵 성분들에 대해 그 합성과 특성 규명을 제시한다.

도 · 움 · 말

앞에서 본 보기 10의 글이 출판된 이후에 지금까지 과학 담론에서는 몇 가지 변화들이 나타났다. 단독 저자는 이제 보기 드물다. 복잡한 실험실 연구에는 전문 기술을 교육받은 일부 전문가의 협력이 필요하기 때문이다. 또한 협력 연구로 인해 초기 논문에서 볼 수 있었던 **일인칭 대명사**와 능동태 서술이 사라졌다. 뒤의 보기 글에서 쓰인 복수 일인칭 대명사 '우리'는 협력 연구임을 보여주며, 수동태는 앞의 보기 10에 나타나는 다분히 개인적이고도 주관적인 분위기와 대비되어 더욱 객관적인 분위기를 창출한다. 두 사례에 나타난 글의 *짜임새* 또한 매우 다르다. 논문 전체를 여기에 다 실을 수는 없었지만, 만일 그 논문들을 다 읽는다면 여러분은 앞에 나온 글이 과학자 자신의 실험과 발견한 것을 그저 말하는 서사체 전개였음을 알 수 있다. 요즘의 글은 오랜 세월을 거쳐 공고해진 실험보고서 양식의 전통을 따른다. 현대의 **실험보고서**는 대체로 도입, 방법, 결과, 토론이라는 네 갈래 부분(section)으로 나뉜다.

세월이 지나면서 실험에서 얻은 발견을 어떻게 보고할 것인지를 두고 나타난 이런 변화들은 여러 요인들 때문에 생겼다. 하나는 경제적인 것이다. 더 짧고 간명한 논문이 출판 비용을 줄일 수 있으며, 다른 보고서를 더 많이 실을 지면을 확보할 수 있게 한다. 다른 하나는 문화적인 것이다. 고독한 '화자(storyteller)'인 실험자는 현대 사회에서 과학 지식의 원천이 된 협력 연구에는 어울리지 않는다. 사실 현대의 실험논문에 나타난 수동태 동사 구조는 인간 행위자를 대신하는, 즉 사람이 세계를 자기 가정에 맞춰 조작하는 게 아니라 존재하는 세계를 단지 기록하고 들춰내고 관찰한다고 보는 문화적 규범을 지탱한다. 그런 점에서 실험논문은 과학이 객관적 활동임을 보여주는 인공물이다. 그리고 과학자도 자기 경험을 보고할 때에 인간 언어를 쓸 수밖에 없는 존재라는 점을 생각하면, 실험논문은 얻고자 하되 결코 충분히 성취하지 못할 수 있는 객관성을 증진하고 재현하는 구실을 한다.

과학의 실험보고서

과학에서 규칙의 지배를 받는 한 가지 예를 들자면, 연구결과를 발표(presentation)하는 경우가 그렇다. 과학에서 실험보고서의 형식과 스타일은 인식할 수 있고 반복할 수 있는 하나의 장르로 공고해졌다. 전문저널에 출판할 논문을 쓸 때 과학자는 글의 짜임새를 지배하는 패턴과 규칙, 다시 말해 시각적 · 수학적 표현뿐 아니라 어법과 **사용역**(register)을 따른다. 실험보고서에는 다음과 같은 부분들이 담기는데, 그 모두는 말할 수 있는 것과 말할 수 없는 것에 관해 나름의 복잡한 규칙과 패턴을 갖고 있다.

1. 초록(abstract)은 보고자의 주요한 발견을 요약한다.
2. 도입(introduction)은 해당 주제에 대해 이미 알려진 것과 아직 알려지지 않은 것에 관한 해당 분야의 배경지식 또는 전반적인 합의를 제시한다. 또한 이 부분은 저자가 자기 연구를 정당화하고 자신의 연구가설을 진술하는 부분이다. 연구가설이란 저자가 실험에서 지지하거나 반증하려는 작업 개념(working idea)을 말한다.
3. 방법(methods) 부분은 해당 연구가 어떻게 수행됐는지 설명한다.
4. 결과(findings) 부분은 주요한 연구결과를 요약한다.

5. 토의(discussion) 부분은 데이터의 해석을 제공하며, 그 해석을 지지하는 논증을 제시한다.

일반적으로 보고서는 예측 가능한 패턴을 따른다. 도입은 이미 알려진 것(과학자가 어떤 주제에 관해 '사실' 이라고 동의하는 것)에서 아직 알려지지 않은 것(과학자가 이해를 심화해야 하는 것)으로 나아간다. 도입은 배경지식에서 해당 연구가 입증하려는 연구의 목적을 기술하는 쪽으로 옮아간다. 또한 저자는 자신의 가설을 설명하고 연구를 통해 밝히려는 이론을 설명한다.

여기에서 천문학 분야 연구논문의 일부를 살펴보겠다.

실습

보기 12에서 논문의 초록을 읽어보라. 어떤 주요한 발견이 요약되었는가?

| 보기 12 |

알렌 전파 망원경(Allen Telescope Array)의 등장을 준비하면서, 세티(SETI) 연구소는 외계 기술문명이 보내오는 신호를 탐색하는 '불사조 프로젝트(Project Phoenix)' 를 수행하기 위해 수집한 최대 2,000개의 기존 표적목록을 대폭 확장할 필요가 있다. 이 논문에서 우리는 (지적 생명체를 포함하는) 복합생명체가 거주할 가능성이 있는 항성계의 분류목록을 제시한다. 그것은 새로 작성하는 세티 표적목록에서 가장 큰 부분을 이룬다. '생명체 거주 가능성을 지닌 태양계 주변 항성계의 분류목록(HabCat)' 은 히파르코스 분류목록(Hipparcos Catalogue)에 담긴 118,218개 항성들을 거리, 항성 변광, 항성 숫자, 운동학, 스펙트럼 분류의 정보를 따져 작성되었다. 또한 우리는 히파르코스 항성들의 엑스선 밝기, Ca ii H와 K의 활동성, 회전, 스펙트럼 유형, 운동학, 금속성, 슈트룀그렌 광도측정 데이터가 담긴 몇몇 다른 분류목록의 정보도 활용한다. 거주 가능 지대, 진화 경로, 제3천체의 궤도 안정성에 관한 이론 연구와 결합해, HabCat 목록에서 적당하지 않은 항성은 빼고 현재 최선의 지식으로 볼 때 복합생명체 거주 가능성을 지닌 항성들만을 남기는 데 이런 데이터가 사용된다. 개별 천체들에 관해 더 많은 것을 알게 되면 이 분류목록도 당연히 수정해야겠지만, 현재의 분석결과로 보면 히파르코스 목록에서 태양 부근의 '거주 가능 항성' 은 17,129개(140파섹 이내가 75%)에 이르는 것으로 나타났다. 그 중에서 최대 2,200개는 쌍성 또는 세쌍성계에 속한 것으로 알려졌거나 그렇게 추정하고 있다. (Turnbull and Tarter, 2003: 181)

(이 실습 과제에 대해서는 도움말이 따로 없음.)

실습

보기 13에서 생명체 거주 가능성을 지닌 항성계 탐색을 다룬 논문의 도입부를 읽어보라. 어떤 배경지식이 제시되었는가? 어떤 정의와 사실이 제시되었는가? 이 분야에서 '알려진 것' 과 '알려지지 않은 것' 으로 제시되는 바는 무엇인가? 연구 수행을 이끄는 가설은 무엇인가? (저자들은 어떤 발견을 기대하거나 희망하고 있는가?)

| 보기 13 |

1.1 도입

'생명체 거주 가능성을 지닌 태양계 주변 항성계의 분류목록(HabCat)' 을 작성하는 일은 무엇보다도 세티 연구소의 불사조 프로젝트가 외계 지적 생명체를 탐색할 때에 쓸 표적목록을 확장할 필요성이 생기면서 시작됐다. 불사조 프로젝트는 민간 기금을 받아 이뤄지며, 태양계 밖의 외계 기술문명이 내보내는 연속적인 펄스 무선 신호를 찾으려는 임무를 띤 미국 항공우주국(NASA)의 '고해상도 마이크로파 서베이(HRMS)' 의 연장이다. HRMS는 1~10GHz의 주파수 대역에서 하늘 전체를 조사하는 한편, 1~3GHz 주파수 대역에서는 더 높은 스펙트럼 해상도와 민감도로 태양계 주변 1,000개 항성을 표적 탐색하는 프로젝트였다. 의회는 HRMS 사업을 1993년에 종료시켰지만, 세티 연구소는 민간기금을 늘려 불사조 프로젝트가 표적으로 삼은 탐색 영역을 계속해왔다. 현재 불사조 프로젝트는 잉글랜드 조드럴 뱅크 천문대(Jodrell Bank Observatory)의 로벨 망원경과 연계해 아레시보 천문대(Arecibo Observatory)에서 동시 관측을 수행하고 있다. 이 프로젝트에는 매년 3주간의 망원경 시간이 사용되며 해마다 최대 200개 항성들이 관측된다. 가까운 장래에, 세티 연구소는 이런 탐색 속도를 100배 이상 높일 것으로 기대한다. 세티 연구소와 버클리 캘리포니아 대학 합동으로, 알렌 전파 망원경(ATA: 예전에는 '1헥타르 망원경' 으로 알려졌다)이 현재 북부 캘리포니아에 있는 햇크릭 천문대(Hat Creek Observatory)에 설치되고 있는 중이다. ATA는 지름 6.1m짜리 접시 안테나 350개로 구성돼, 결과적으로 100m 망원경의 성능을 능가하는 전파 수집 영역을 지니게 된다. 현재의 개발과 건설 계획표를 보면, ATA는 2004년에는 부분 가동, 2005년에는 완전 가동에 들어갈 것이다. ATA가 완공되면 해마다 수천 내지 수만 개의 세티 표적 항성을 관측하기에 충분할 정도로 망원경의 접근성과 대역 성능이 향상된다. 그러므로 불사조 프로젝트의 관측 대상목록을 태양 규모의 근접 항성 2,000개가량(Henry et al., 1995)이라는 애초 범주에서 더 크게 확장할 필요가 있다. 이 논문에서 제시된 '생명체 거주 가능성을 지닌 태양계 주변 항성계의 분류목록'은 세티의 새로운 표적목록에서 가장 많은 부분을 차지한다(후속 논문에서 자세히 논의할 예정).

1.2. 거주 가능성이란 무엇인가

우리의 목적은 생명체와 소통하기 위해 생명체가 거주할 만한 숙주 항성의 분류목록을 작성하는 것이다. 세티 표적 선별을 위한 '거주 가능성(habitability)'의 기준을 정의하면서, 우리는 지구에서 생명이 발생한 데에는 (최소한) 지표면의 액체 물과 특정 중원소(예컨대 인)에다 에너지원(예컨대 햇빛)을 갖춘 지구형 행성이 필요했음에 주목한다(Alberts et al., 1994). 지구형 행성이 기본 필요조건이라는 것은 거주 가능성을 따질 때 항성 금속성(stellar metallicity)에 더 낮은 제한을 둘 수도 있음을 보여준다(x 3.7에서 논의). 지구형 행성의 가능성과 관련해, 액체 물을 두 번째 필요조건으로 삼은 것은 서로 다른 스펙트럼 유형이나 복수항성계를 지닌 항성의 거주 가능성을 평가할 때 '거주 가능 지대(HZ)'라는 개념이 되풀이되는 주제라는 것을 뜻한다. 여기에서 거주 가능 지대는 지구 같은 행성에 액체 물이 존재할 수 있게 해주는 온도가 나타날 만한 항성 주변의 행성 영역(Kasting, Whitmire, & Reynolds 1993과 이후의 K93 논문에서 상세히 탐구)을 가리키는 개념이다.

지구에서 복합생명체가 발생할 수 있게 한 추가 필요조건은 거주 가능성의 환경이 수십억 년에 걸쳐 행성에서 지속됐다는 점이다. 지구 행성이 형성되고 8억 년이 지난 때에 일찌감치 단순생명체가 지구에 살았다는 증거가 있지만(Schopf, 1993), 화석 기록과 생물분자 시계에 의하면 다세포 생명체가 출현한 때는 30억~40억 년 뒤였다(Rasmussen et al., 2002; Ayala, Rzhetsky, & Ayala 1998; Wray, Levinton, & Shapiro 1996 등). 그리고 항성 간 커뮤니케이션을 할 수 있는 기술문명의 출현은 지난 세기에서나 가능했다. 오랜 시간 규모(T_{hab})의 주거가능성이라는 필요조건은 생물체 거주 가능성 항성계의 분류목록에 포함되는 항성 숫자에 큰 영향을 끼쳤다. 그토록 항성들은 모두 다 T_{hab}보다 더 오래된 것이어야 하며 항성들의 HZ 위치도 그 오랜 기간에 걸쳐 HZ의 폭을 벗어나지 않는 범위에서만 변화해야 한다. 하지만 지구에서 지적 생명체가 출현하기까지 걸린 46억 년의 시간이 항성 간 커뮤니케이션 기술의 출현에 필요한 보편적 조건인지는 명확하지 않다(예컨대 McKay 1996년의 논증).

여기에서 우리는 세티 탐색에 필요한 최소 시간 규모의 결정이 임의적임을 인정하며, 돌(Dole, 1964), 하트(Hart, 1979), 헨리 등(Henry et al., 1995)의 예를 따라 거주 가능성의 시간 규모를 32.5억 년으로 설정하기로 한다. 이런 구상들을 결합해, 우리는 '거주 가능한' 항성계의 개념을 지난 30억 년 내내 액체 물을 형성하고 유지할 수 있었던 지구 유사 행성이 있는 항성계라고 정의한다. 편의상, 그런 계를 갖춘 숙주 항성을 '거주 항성(habstar)'으로 부르기로 한다. 거주 항성의 정의에는 금속성, 동반항성(companions), 항성 나이, 항성 질량, 항성 변광에 관한 고려사항이 함축된다. 지구형 행성의 생성, 지상 생명의 기원과 진화, 그리고 있을지 모를 태양계 다른 행성이나 위성의 생명 존재에 관해 더 많은 사실이 규명되면, 아래에 제시된 거주 가능성의 기준도 조정해야 할 것이다. (Turnbull and Tarter, 2003: 181)

(이 글의 참고문헌들은 원래 글에 나온 그대로다.)

도 · 움 · 말

이 글의 저자들은 지상에서 그런 것처럼 무엇이 생명체의 기준이 될지에 관해 관련 연구 분야에서 동의되는 것들을 검토했다. 그것은 액체 물, 무거운 원소, 그리고 우리와 커뮤니케이션할 수 있는 생명체로 진화하는 데 필요한 수십억 년간의 생명 지속성이라는 기준이다. 저자들은 이런 지구 같은 행성들을 유지할 만한 항성의 위치를 찾기 위해 이런 기준의 지침을 마련하고자 했다. 저자들은 행성의 거주 가능성을 따지는 기준을 세우는 과정에서 다른 과학자들을 신뢰하여 그들의 연구를 인용했다. 또한 도입에서 연구의 목적과 가설을 설명하며, 이번 연구에서 무엇을 하고자 하는지, 무엇을 발견하기를 기대하는지 설명했다. 저자들은 외계 신호를 탐색하는 이들이 탐색 표적으로 삼을 만한 항성계의 목록을 작성하고자 했다. 그들은 자신들이 그런 항성을 식별해낸다 해도 그 기준은 행성과학의 지식이 더 늘어나면 바뀔 수 있다고 가정했다.

실습

간략하게 살피기 위해 이 논문에서 다룬 '방법' 부분을 다 싣지는 않겠다. 다음 보기 14는 거주 가능 항성계가 어떻게 식별되었는지 설명하는 여러 절들에서 주요 대목만을 추린 것이다. 글을 살펴보고, 거주 가능 항성계의 목록을 만드는 데 쓰인 방법들을 찾아보자.

| 보기 14 |

1.3. 거주 가능 항성계 목록을 위한 출발점, 히파르코스 목록

그러므로 우리가 진행한 순서는 히파르코스 목록 전체에서 시작해, 현재 접근 가능한 데이터로 볼 때 거주 불가능성을 보여주는 항성들을 제외해나가는 방식이었다.

2. 천체 표본

2.1.

…… 히파르코스 항성들의 거주 가능성을 평가하는 데는 밝기와 온도에 대해 어느 정도의 추정이 필요하다. 그래서 우리는 B와 V 광도 측정과 시차 정보를 지닌 항성들만을 포함시켰으며 그 시차 측정값이 0 이하인 항성들은 (불확실성이 크기 때문에) 포함시키지 않았다. ……

2.2. 히파르코스에 의해 발견된 변광성

변광성들은 어떨까? 모든 항성들이 어느 정도 밝기 변화를 나타내지만, 생명체 또는 복합생명체가 견딜 수 있는 요동의 크기는 얼마나 될까? 가장 잘 연구된 태양 활동의 변화는 11년의 태양흑점 주기('슈바베 주기' 라고도 불린다)인데, 태양 극소기 동안에 태양의 총 복사는 최대 0.02% 정도만 요동한다. …… 그렇지만 이렇게 극히 작은 요동만으로도 지구 기후에 뚜렷한 영향을 미친다는 점을 고려할 때, 우리는 밝기 요동이 1% 이상인 항성의 변광은 거주 가능성을 따질 때에 중요한 관심사가 될 수 있다는 관점을 받아들인다. …… 우리는 지나칠 정도로 보수적인 관점을 취해, 변광이 관측되는 항성을 모두 제외하기로 했다. 즉 '판정불가' 변광성, '미소변광성' '변광유발' 원동체, '변광성 부록 C' 에 담긴 항성은 모두 제외했다. 주기적 변광성에 대해서는 격변변광성, 폭발변광성, 박동변광성, 회전변광성, 엑스선변광성으로 분류되는 항성은 제외했지만, 서로 빛을 가리는 쌍성들은 x 3. 8에서 이뤄질 분석을 위해 남겼다. ……

2.3. 히파르코스 목록에 나타난 복수항성계

…… 항성이 둘 이상인 항성계에서는 행성의 형성과 안정된 궤도운동이 제한을 받는다. 생명이 살기에 적합한 복수항성계가 되려면 안정된 행성 궤도가 '거주 가능 지대' 와 일치해야 한다. …… 우리는 '천체 표본' 에서 셋 이상으로 분해되는 성분을 지닌 것들은 제외했다. ……

도 • 움 • 말

(방법 부분에 관해)

과학자들은 방법 부분에서 자신의 연구 또는 실험 설계를 기술한다. 그들은 자신들이 조건을 통제했으며, 연구결과가 통제되지 않은 요인으로 인해 오염되지 않았음을 확실히 보여주어야 했다. 그래서 연구주제를 어떻게 선별했으며 데이터를 수집하고 평가하는 데 어떤 수단을 썼는지, 그리고 실험결과에 영향을 줄 수 있는 다양한 요인들을 어떻게 통제했는지에 대해 설명해야 했다.

다른 항성계의 지적 생명체를 탐색하는 논문에서, 저자들은 데이터베이스에 어떤 항성계를 포함시키거나 배제하는 데 사용했던 여러 제한을 기술했다. 거주 가능 행성을 유지할 수 있는 항성계만을 기준에 따라 탐색하려는 연구에는 온도, 밝기, 변광 정도, 크기, 그리고 항성계 내 태양 유사 항성의 개수 같은 모든 요인이 그런 연구를 제한하는 데 사용되었다.

보기 15에서 저자들은 1차 표본에 대한 '천체 질문항(Celestia query)'의 결과를 다음과 같이 보고했다.

| 보기 15 |

2.4. 천체 질문항과 그 결과로 제시된 표본

천체 질문항을 쓸 때 애초 118,218개에 달한 항성들에서 총 64,120개 항성들을 도출할 수 있었다. 우리는 표 1에서 천체 질문항에 구체적으로 적용된 정확한 기준들을 제시한다.

표 1. 천체 질문항

질문항 매개변수		항성 개수
1. Hipparcos stars	All entries	118,218
2. Photometry	~1.037< B_V < 5.460	116,937
3. Parallax	~ > 0 mas	113,710
4. Parallax uncertainty	~/<0.3	69,301
5. Coarse variability	< 0.06 mag	4112
6. Coarse variability	0.06 to 0.6 mag	6351
7. Coarse variability	> 0.6 mag	1099

8. Variability annex	Unsolved variables (2) 5542
9. Variability annex	Light curve (not folded) (C) 827
10. Variability type (1 letter).......	Microvariable (M) 1045
11. Variability type (1 letter).......	Unsolved variables (U) 7784
12. Multiplicity annex	Variability induced movers (V) 288
13. Multiplicity annex	Stochastic solution (X) 1561
14. Resolved components...........	3 or 4 135
15. Variability type (5 letters).....	E, EA, EB,EW 986
16. Combined criteria..................	1 AND 2 AND 3 AND 4 69,014
17. Combined criteria..................	NOT 14 AND (4 OR 5 OR 6) 10,576
18. Combined criteria..................	1 AND NOT (7 OR 8 OR 9 OR 10 OR 11 OR 12 OR 13 OR 16) 64,120

(Turnbull and Tarter, 2003: 181-2)

도 · 움 · 말

'결과(findings)' 부분에서는 발견된 데이터를 제시한다. 과학자들은 데이터를 보고 기대했던 대로 가설이 도출되는지 아닌지를 보여주어야 한다. 데이터는 서술체로 또는 표나 도표로 제시할 수 있다.

외계 생명체 탐색에 관한 논문에서, 저자들은 몇 가지 항성 분류목록을 다루면서 거주 가능 행성을 유지할 만한 항성계 기준을 충족하지 못하는 항성계를 제외하고 그 나머지 결과를 제시했다. 결과목록에는 이른바 '햅캣(HabCat)'으로 불리는 17,129개의 항성계가 담겼다. 이들은 외계에서 오는 기술문명의 신호를 포착할 수 있는 표적 망원경의 탐색 대상이 될 것이다. 이 정보는 표적 항성과 그 위치, 크기, 상호 거리에 관한 정보를 담은 3개의 도표에 제시되었다. 저자들은 자신들이 만든 거주 가능 행성의 기준을 사용하여 히파르코스 분류목록에 나오는 항성 118,218개를 '생명체 거주 가능성을 지닌 태양계 주변 항성계의 분류목록(HabCat)'에서 17,129개 항성으로 줄였다고 설명했다. 햅캣은 세티 연구소가 알렌 전파 망원경(ATA)을 통해 수행하는 표적 탐색의 우선 표적 대상이 될 수 있었다.

실습

보기 16은 거주 가능 항성계에 관한 이 논문의 '토의' 부분을 보여준다. 토의 부분을 읽고 저자들이 연구결과와 관련해 무엇을 가장 중요하게 여기고 강조하는지 판단하라.

| 보기 16 |

4. 거주 가능 항성계의 카탈로그

거주 가능성의 기준을 간략히 다시 설명하면, '거주 가능 항성(habstar)'은 (1) 최소 30억 년 이상의 나이를 지녀야 하며, (2)변광성이 아니어야 하며, (3)지구형 행성을 지니고 있어야 한다. 그리고 (4)역학적으로 안정된 거주 가능 지대(지구 유사 행성이 표면에 액체 물을 유지할 수 있는 행성 궤도 영역으로 정의된다)를 유지해야 한다. 우리는 거주 가능 행성인지 아닌지를 따지는 이런 기준들을 사용하여 히파르코스 분류목록에 나오는 118,218개 항성을 '생명체 거주 가능성을 지닌 태양계 주변 항성계의 분류목록(HabCat)'에서 17,129개 항성으로 줄였다. 햅캣은 세티 연구소가 알렌 전파 망원경을 통해 수행하는 표적 탐색의 우선 표적 대상으로 사용될 수 있다. 이 분류목록을 정리하는 데 폭넓은 데이터를 썼다 해도, 이런 시도는 우리가 상당한 무지의 상태에서 '거주 가능성'을 정의하고 있음을 어쩔 수 없이 인정하게 만든다. 몇백 파섹(심지어 몇십 파섹) 안에 있는 모든 항성의 특성을, 예컨대 질량, 나이, 변광성을 파악하고 쌍성을 지니는지 또는 행성계(지구형 행성을 포함해)를 지니는지를 모두 완전히 파악하는 일은 현재로서는 실현 불가능하다. 더욱이 많은 이론적 의문이 여전히 남아 있다. 그런 의문들에는 행성의 형성에 끼치는 금속성의 영향, 항성의 운동학, 나선 팔 교차가 생명의 생성을 정말 저해하는지, 그리고 행성 기후에 끼치는 항성 변광성의 영향(시, 일, 10년의 시간척도에서), 항성/거대 행성의 동반자 천체들이 지구형 행성 궤도의 이심원에 끼치는 영향, 식물과 다른 생명체의 진화에 끼치는 항성 에너지의 스펙트럼 분포의 영향, 거대 행성 위성들의 생명 적합성(예측되는 영향력, 조석 열, 입자선이 있다면) 등이 있다. 세티 탐색 프로그램에서는 이런 부족함이 더 증폭한다. 세티가 탐지할 만한 기술문명의 수준으로 생명체가 진화하는 데 필요하고 충분한 조건이 무엇인지 정확히 알지 못하거니와 '생명' 자체에 대해 논란의 여지없는 정의가 아직 없다는 점을 고려할 때에 그렇다. 햅캣은 현재 우리의 지식 상태를 반영한다. 그것은 우리은하의 구조, 항성계의 이웃 관계, 행성, 생명, 지구의 지적생명체 진화에 관한 우리의 지식이 확장할수록 더 나아갈 것이다.(Turnbull and Tarter, 2003: 181)

도 · 움 · 말

'토의' 부분은 과학자가 연구결과에 대한 해석을 논증하는 곳이다. 발견하리라고 기대했던 것을 발견하지 못하면, 연구자는 자신의 연구 설계에 담긴 약점을 찾아낼 수도 있고, 또는 부정적 결과가 정보로서 가치가 있다고 강조할 수도 있다. 또한 토의 부분은 과학자들의 주장을 지지해주는 결과, 해당 분야에서 더 많이 연구될 필요성을 보이는 결과들을 강조하는 구실을 한다.
이 논문을 쓴 항성 연구자들이 외계의 지적 생명체를 발견한 것은 아니지만, 그들은 눈여겨볼 만한 좋은 후보를 상당수 식별해냈다. 이 프로젝트의 토의 부분에서 그들은 자신들이 쓴 방법론의 한계를 다음과 같이 일부 인정한다.

"이 분류목록을 정리하는 데 폭넓은 데이터를 썼다 해도, 이런 시도는 우리가 상당한 무지의 상태에서 '거주 가능성'을 정의하고 있음을 어쩔 수 없이 인정하게 만든다. 몇백 파섹 (심지어 몇십 파섹) 안에 있는 모든 항성의 특성을, 예컨대 질량, 나이, 변광성을 파악하고 쌍성을 지니는지 또는 행성계(지구형 행성을 포함해)를 지니는지를 모두 완전히 파악하는 일은 현재로서는 실현 불가능하다."

또한 저자들은 "세티가 탐색할 만한 기술문명의 수준으로 생명체가 진화하는 데 필요하고 충분한 조건이 무엇인지 정확히 알지 못하거니와 '생명' 자체에 대해 논란의 여지없는 정의가 아직 없다"는 사정을 인정하면서도 현재에 정의될 필요가 있는 주요 개념들을 식별해내고 있다.

진술의 유형과 과학적 '사실'의 진화

실험보고서는 저자와 독자가 대체로 암묵적으로 이해하는 언어학적이고 수사학적인 규칙들로 이뤄진 복합 그물망이다. 일반적으로 이런 규칙들은 보고서를 읽는 청중이 그릇된 억측으로 나아가게 할 수 있는 오해를 막고자 마련되었다. 예를 들면 저자는 증거가 뒷받침하지 않는 확실성을 전달해서는 안 된다는 게 그런 규칙 중 하나다. 실험에는 한계가 있고 그런 한계 때문에 절대적 증명은 힘들기 때문에 증거에 기반을 둔 보고서의 주장 대부분은 기존 연구보고서의 데이터베이스에 추가되지만 절대적 의미에서 증명될 수는 없다. 그런 한계를 제시하는 규칙의 목적은 진술하는 사람이 실재를 과장하지 않게, 또한 증거가 실제로 보여주는 것보다 더 큰 확실성을 암시하지 않게 하려는 것이다.

예를 들어 과학자가 어떤 질병의 원인이 특정 바이러스라고 직감하더라도 보고할 증거가 결정적이지 않으면, 연구보고서에 다음과 같은 진술을 포함시킨다. "우리의 실험이 원인에 대한 결정적 증거를 제공하지는 않지만, 우리는 어떤 종양바이러스가 발병과정에서 *가능성 있는*(possible) 역할을 하는 것으로 *여길 수 있다*(be considered)고 *제안한다*(suggest)."

이렇게 진술하는 저자는 그 규칙을 이해한 것이다. 이들은 자신이 확신하지 않거나 또는 실질적 증거를 제시하지 못한다면 그 불확실성이 독자에게 전달될 수 있도록 자신의 진술을 제한하는 '**울타리치기**(hedge)' 가 필요하다는 것을 알고 있다. 앞의 인용문에서 이탤릭체로 처리한 용어가 확실성과는 거리를 둔 말임을 주목할 필요가 있다. 일반적으로 진술에서 울타리치기 용어가 많이 쓰일수록 그 진술은 더 추정적인 진술이 된다. 울타리치기 용어를 최소로 담은 진술은 '**사실 지위**(fact status)' 를 보여주는 진술이 된다. 즉 진술에 담긴 주장이나 조건은 충분한 증거와 그것이 사실이라는 공동체 동의에 의해 확증될 때에 사실의 지위를 얻는다. "개화 식물의 생애 주기는 일년생, 이년생,

다년생이라는 세 가지 범주에 속한다"라는 진술이 그런 예다.

이런 사실 지위 유형의 진술은 과학도를 위한 교과서에서 꽤 자주 볼 수 있다. 앞의 진술은 『생명: 생물학의 과학(Life: The Science of Biology)』(2001: 267)에서 가져왔다. 교과서는 특정 과학 분야에 속한 과학자들이 참 또는 사실이라고 동의하는 것만 전한다. 만일 누군가가 새로운 식물 생애 주기를 발견한다면, 무중력 환경이나 다른 행성에서 나타날지 모르는 그런 새로운 사실이 발견된다면, 교과서는 그런 변화를 반영해 개정될 것이다. 담론 규칙들은 오해를 막고자 마련된 것이다. 추정이 사실로 제시되고 사실이 추정으로 제시되면 혼란만이 초래될 것이다. 일반적으로 과학 분야의 문헌들은 **추정**에서 사실로 나아가는 해당 분야의 흐름을 보여주는 기록이다. 과학 문헌들에는 담론의 규칙을 따르는 진술들이 담기기 때문이다.

실습

항성계에 관한 논문인 보기 13의 도입 부분으로 다시 돌아가자. 여러 '울타리치기' 용어가 담긴 진술 3개를 찾아 줄을 긋거나 옮겨 써보라. 또 울타리치기 용어를 쓰지 않은 진술 3개를 옮겨 써보라. 이런 6개의 진술에서 저자가 추정적이라고 여기는 것에 관해, 그리고 그들이 논의 주제에 관해 사실이라고 믿는 것에 관해 당신은 어떤 결론을 내릴 수 있는가?

(이 실습 과제에는 따로 도움말이 없음.)

‘사실의 언어학적 진화’ 추적하기

과학 담론의 규칙 패턴을 보여주는 좋은 사례들은 어떤 주어진 과학적 문제에 관해 발표한 논문들에서 찾아볼 수 있다. 지식과 데이터가 늘어날수록 이에 따라 담론의 패턴도 변동한다. 일반적으로 어떤 문제를 풀어야 하는 과학의 영역은 경쟁하는 여러 가설이 존재하는 추론 단계에서 한두 가지의 설명으로 가능성을 점점 좁히는 과정을 거쳐, 마침내 해당 과학계가 교과 지식이 될 만하다고 동의하는 쪽으로 나아간다. 우리가 과학 수업에서 읽는 교과서는 그런 과정을 거쳐 마련되었다.

그러므로 과학적 동의의 과정을 거슬러 올라가 추적해볼 수 있다. 즉 추정의 시기, 가설의 범위를 좁히는 시기, 그리고 마침내 동의를 얻는 시기마다 다른 담론의 패턴 변화를 분석해보면, 그런 동의가 나타난 과정을 적어도 텍스트에서는 추적할 수 있다.

우리는 과학 논문에서 주요한 자리에 배치된 진술을 검토함으로써 ‘사실의 진화’ 과정을 추적할 수 있다. 예를 들어 우리가 앞에서 배웠듯이, 논문의 도입 부분은 학계에서 동의를 얻은 지식의 기초를 제시하며, 또한 저자가 그 지식의 기초에 추가하고자 하는 바를 제시한다. 도입부에서 지식의 기초를 기술하는 진술은 종종 가장 확실한 말투를 보여준다. 데이터가 보여주는 내용을 확신하지 못한다면 과학자는 실험결과를 기술하는 진술에 몇 가지 울타리치기 용어를 담기도 한다.

토의 부분에는 울타리치기 단어가 더 많이 담긴다. 대체로 토의 부분은 추론이나 추정이 나타나는 곳이기 때문이다. 그러나 과학자는 연구의 의미나 중요성을 진술할 때와 같은 절대적 확실성을 지니지 않은 문제에서도 독자들에게 영향을 주고자 노력한다.

어떤 것이 사실인지에 관해 과학자들이 어떻게 동의에 이르는지를 연구한 사회학자 브루노 라투어(Bruno Lataur)와 스티브 울가(Steve Woolgar)는 이런 패턴 변화를 살필 때에 쓸 만한 패러다임 하나를 제시한다(1987). 그들은 현상에 관한 가장 중요한 주장 진술을 다섯 가지 유형으로 분류했다. 다음이 그 다섯 가지에 관한 설명이다.

진술의 유형 분류

유형 1의 진술

유형 1의 진술은 가장 추론적인 진술이다. 울타리치기 용어의 사용이 두드러지는, 추정의 진술이다. 울타리치기 용어는 '~일 수 있다(might)' 또는 '보여준다/제안한다(suggest)'와 같은 것들이다. 또한 유형 1 진술은 특정 **양식**(modality)을 담고 있는데, 그 양식은 진술의 개연성을 높이는 데 필요한 인간 행위자에 대한 지칭, 발견 시각에 대한 지칭, 환경이나 조건들에 대한 지칭을 담는다. 또한 그런 진술은 현상의 어떤 측면에 대한 청중의 관심을 줄이거나 높이는 '고도의', '낮은', '새로운(novel)' 같은 수식어와 설명어를 담기도 한다. 유형 1 진술에서 표현되는 관계는 다음 패턴을 따를 수 있다.

> 특정 조건들, 즉 특정 데이터는 X가 결과일 개연성을 높여준다.
> 또는
> 주어진 데이터는 X의 가능성을 보여준다.
> 또는
> 비록 Y이더라도, X는 가능할 수 있다. [Y는 진술의 오류를 반증할 수 있는 조건.]

실습

보기 17의 사례를 읽어보라. 여러분은 여기에서 유형 1 진술의 특징을 찾을 수 있는가?

| 보기 17 |

아래 진술은 뉴욕 시의 건강했던 젊은이들 사이에서 나타난 원인불명의 치명적 건강 상태에 관한 초기 의학 보고서의 토의 부분에서 가져온 것이다.

이 연구에 참여한 자발적 피실험자들이 뉴욕 시의 동성애자를 대표한다고 볼 수는 없지만, 피실험자들 사이에서 OKT4/OKT8 비율 감소가 현저하게 폭넓게 나타났다는 것은 이런 변화가 이 도시에 사는 남자 동성애자 다수에서 나타날 수 있음을 보여준다.(Kornfield et al., 1983: 731)

도 · 움 · 말

이 보고서의 저자는 감염의 확산에 대해 보고서에서 밝힌 것보다 훨씬 더 강한 확신을 가졌을 수도 있다. 하지만 그는 유행병 발생 선언에 신중해야 하며, 공공의 담론에서는 다른 모든 가능성이나 다른 설명이 사라지기 전까지 확실성을 담거나 분명한 언어를 쓰는 일이 허용되지 않는다는 암묵적 담론 규칙을 따랐다. 그는 좀 더 추론적인 진술을 담기에 편한 토의 부분에서 이런 진술을 했을 뿐이다.

유형 2의 진술

유형 2의 진술은 '추론'에서 '주장'으로 나아가는 전이를 보여준다. 즉 논문의 저자들은 단지 가능성만을 제안할 뿐 아니라 자신들이 답을 지니고 있다는 주장을 편다. 이런 진술은 '왜냐하면 ~때문이다(since)'나 '만일 ~하다면(if)' 같은 말로 시작하곤 한다. 유형 2 진술에 표현되는 기본 관계는 특정 조건이 어떤 결론이나 이론을 가리킨다는 것이다. 일반적 패턴은 다음과 같다.

만일 어떤 조건이면, X이다.

실습

보기 18은 에이즈에 관한 의학 보고서의 토의 부분에서 가져온 것이다. 유형 2 진술의 특징을 집어내라.

| 보기 18 |

…… 현재 사이토메갈로 바이러스가 매우 큰 의심을 받고 있다. 남자 동성애자들 사이에 그 바이러스가 만연해 있으며, 그 바이러스가 면역 억제 능력을 지녔음이 이미 문서로 보고된 적이 있기 때문이다.(Gottlieb et al., 1981: 1430)

도 • 움 • 말

고틀립 박사는 신종 질병의 원인으로 '매우 큰 의심'을 받는 병원체가 사이토메갈로 바이러스라고 주장하고 있다. 그는 자신의 견해를 진술할 뿐 아니라 자신이 생각하기에 그런 주장의 타당성을 가리키는 조건들을 제시하고 있다. 즉 사이토메갈로 바이러스가 동성애자들 사이에 만연하고 있다는 점, 그것이 면역계를 억제하는 것으로 밝혀졌다는 점이 그렇다. 그는 주장을 제기하며 몇 가지 증거를 제시하고 있는데, 신종 질병에 관해 점점 더 많아지는 논의들 중에서 하나의 목소리를 보여준다.

유형 3의 진술

유형 3의 진술은 공유된 경험에 대한 동의 또는 수렴이 학계 구성원들 사이에서 등장하고 있음을 보여준다. 이전까지 추론이었으며 실험실 한 곳에서 나온 주장이었던 것이 이제는 다수 실험실들도 보고하거나 논증하는 그런 것이 된다.

그러나 유형 3 진술은 아직 교과서에 담길 만한 사실이 아니다. 종종 그것들은 진술이 참이 되게 하는 조건들을 보여주는 참조문헌들을 담는다. 패턴은 다음과 같다.

X에 관한 몇 가지 보고들이 지난 몇 년 동안에 나타났다.

또는

많은 관찰자들이 최근에 X를 보고했다.

실습

보기 19는 에이즈에 관한 보고서에서 가져온 것이다. 유형 3 진술의 특징을 찾아보라.

| 보기 19 |

설명할 수 없던 만성적 일반 림프절 질환은 미국의 일부 메트로폴리탄 지역에 사는 남자 동성애자들 사이에 나타나는 것으로 최근 보고되어왔다.(Ewing et al., 1983: 819)

도 · 움 · 말

이 진술은 도입 부분의 첫 문장으로, 보고서가 출판된 1983년 당시 에이즈에 관한 어떤 사실에 가장 근접하고 있는 것을 제시한다. “최근 보고되어왔다”라는 진술은 남자 동성애자들 사이에 나타난 설명할 수 없는 건강 상태의 존재에 대한 합의가 점점 늘고 있음을 암시한다. 더 많은 보고서가 나타날수록 이런 합의는 공고해지고 사실로 받아들여진다.

유형 4의 진술

유형 4의 진술은 사실의 지위를 지닌다. 그런 진술은 아무런 양식을 지니지 않으며 나중에 교과서에 실리는 지식에 가까워진다. 이런 진술에서는 현상이 규정되고 저자는 이런 진술을 사용하여 종종 자기주장을 지지하는 맥락을 구축한다. ‘대부분 사람들이 동의한다’ 또는 ‘~라는 여러 보고서들’ 같은 구절을 쓰기에 경험의 공유나 합의를 지칭할 필요도 없다. 이런 진술의 기본 패턴은 다음과 같다.

X는 ~로 규정된다.
또는
X는 존재한다.

실습

보기 20은 에이즈 보고서에서 가져온 사례다. 첫 번째 문장이 유형 4 진술에 해당하는 이유는 무엇인가? 여러분은 첫 번째 문장과 두 번째 문장이 어떤 관계를 이룬다고 생각하는가?

| 보기 20 |

몇 가지 판단 기준으로 볼 때 수지상세포는 내피세포와 밀접한 관계를 맺고 있다. 두 세포는 모두 항원전달세포로서 기능한다. 그러므로 다음과 같이 추론할 수 있는데……. (Belsito et al., 1983: 1281)

도 · 움 · 말

저자가 암시하는 "몇 가지 판단 기준"이 무엇인지 일일이 설명하지 않아도 된다는 점에 주목할 필요가 있다. 독자가 이미 그에 대한 지식을 지녔다고 보기 때문이다. 첫 번째 문장의 규정이 이어지는 추론의 진술을 설정하는 데 사용되고 있다.

유형 5의 진술

유형 5의 진술은 가장 사실 같은 진술이다. 그것은 학계에서 암묵적 지식을 구성하는 '당연하게 받아들이는' 사실이다. 너무나 당연시되어 그것을 가리키는 참조문헌이 명시적으로 제시되지 않기도 한다. 예컨대 미생물학의 연구보고서는 이제 DNA를 정의하거나 생명체의 건축 블록이라는 DNA의 기능을 설명하지 않는다. 이는 과학에서 '교과서적' 사실이다. 시간의 양식과 구성의 기원을 보여주지 않으며 마치 누구에 의해서도 제안된 적이 없었던 것 같은 모습으로 나타난다.

건강했던 젊은이들이 후천적 면역결핍증에 걸렸을 때처럼 어떤 예외 현상이 나타나는 그런 때에, 이런 '사실들'은 출판 논문의 담론에서도 다시 표면에 등장하곤 한다.

실습

보기 21의 진술은 평소에는 따로 언급되지 않았을 법한 교과서적 지식을 담고 있다. 여러분은 면역결핍에 관해 알려져 있는 소인을 갖고 있지 않았는데도 면역결핍에 걸린 사람들에 관한 보고서에서, 왜 이런 진술을 담을 필요가 있었다고 생각하는가?

| 보기 21 |

후천적인 T세포 결핍은 치료받지 않은 호지킨병과 사르코이도시스(유사 육종증), 바이러스 감염에 걸린 성인들한테서 나타나는 것으로 잘 알려져 있다. (Gottlieb et al., 1981: 1425)

도 · 움 · 말

이 진술은 면역결핍에 관해 기초적인 교과서적 지식을 담고 있다. 이 진술은 고도의 '사실 지위'를 누리고 있다. 그러나 고틀립이 보여주려고 했듯이, 면역결핍에 관한 교과서적 지식은 그런 소인을 전혀 갖고 있지 않은 환자들한테서 그가 보았던 증상을 설명해주지 못하고 있다.

'사실' 로 나아가는 진술의 진화

과학자들의 내부 동의를 반영하는 쪽으로 향하는 담론의 진화는 다음과 같이 이뤄진다.

1. 어떤 현상에 관한 진술이 실험보고서의 말미 부근에서, 토의 부분에서 추론적인 추정(유형 1)으로 나타난다.
2. 사회적이고 지적인 힘들(보고서의 축적, 추정 진술의 확증, 연구의 폭증)이 합해지면 그 진술은 주장의 지위(유형 2)로 이동한다. 그 진술은 논문의 도입 부분으로 옮겨진다.
3. 합의가 구축되면서 그 진술은 사실 지위를 얻고 도입 부분의 첫 번째 문장이 될 수도 있다(유형 3).
4. 나중에는 진술을 실제로 개연적인 것으로 만드는 조건들이 떨어져나가고 그 진술은 정의(유형 4)가 된다. 도입 부분에 나타나거나, 다른 주장을 펴기 위한 설명의 조건으로서 나타난다.
5. 최종적으로 그 진술은 암묵적 지식에 통합되면서 출판 논문에서 완전히 빠져나와 대학생들의 학습교재에 나타난다(유형 5).

이런 진술의 도식을 보여준 라투어와 울가는 TRC라는 효소에 관한 진술의 진화를 추적했다(1987). 초기 실험실의 연구자가 보인 추론에서 시작해 후속 연구보고서들에 나타난 결론적 언어로 나아가는 진화의 모습이었다. 어떤 과학적 현상에 관해 공동체의 동의가 어떻게 이뤄졌는지는 해당 분야에서 출판된 논문들을 살펴봄으로써 추적할 수 있다.

에이즈에 관한 합의 추적하기

에이즈 전염병은 1981년 12월 초 《뉴잉글랜드 의학저널(The New England Journal of Medicine)》에 세 편의 의학 보고서가 출판되면서 의학계에서 공식 인정되었다. 그 이전에 의사들은 남자 동성애자들과 마약 사용자들 사이에 (또한 이 두 범주에 속하지 않은 사람들한테도) 퍼져 어김없이 죽음에 이르게 한 이상한 감염증을 치료하고 있었다. 폐포자충 폐렴 같은 감염증은 면연계의 기능이 정상인 사람들에게는 영향을 끼치지 않는다. 감염증의 비율이 게이 남자들 사이에서 더 높았지만, 이것이 새로운 질환이라는 동의는 의학계 안에서 이뤄지지 않았다. 그래서 그 현상의 존재, 즉 새로운 질병이 출현했다는 것은 담론을 거쳐 확립되어야 했다. 다음 단계는 이 질병의 원인을 규명하는 것이었다. 에이즈에 관한 초기 의학 보고서들을 살펴보면 에이즈의 존재와 원인에 관한 동의가 어떻게 진화했는지 추적할 수 있다.

실습

보기 22는 에이즈의 원인에 관한 여러 진술을 모은 것이다. 각 문장의 진술 유형을 분류해보라. 각 진술에서 모든 양식과 울타리치기 용어를 찾아보라. 그렇게 한 뒤에, 무엇이 에이즈의 원인인지에 관한 합의의 발전에 대해 여러분이 얘기할 수 있는 바를 짧게 써보라.

| 보기 1 |

1984

에이즈의 기이한 측면들을 고려하고 그 증상의 역학을 확장해 통찰하면 그것이 감염성 원인에서 비롯했다는 강한 근거를 얻게 되며, 인간 T세포 백혈병 레트로바이러스 같은 이례적 병원체가 관여했을 가능성도 제기된다. (Scott et al., 1984: 80)

1984

림프절 종창연관 바이러스(LAV)가 조력자/유도자(leu-3a+ 또는 OKT4+) T-림프구 일종을 선호한다는 점, 그 바이러스가 이런 세포들 안에 세포변성을 일으키는 능력을 지닌다는 점, 그리고 에이즈에 걸렸거나 그럴 위험에 놓인 사람들한테서 LAV 항체의 림프액 면역글로불린 프로파일이 나타난다는 점을 볼 때, 이 바이러스는 관심을 끄는 병원체 후보로 떠오른다. (Laurence et al., 1984: 1269)

1985

역학 데이터는 후천적 면역결핍증(AIDS)의 원인이 감염성 병원체이며 그것이 긴밀한 접촉을 통해 수평적으로 전달되는 바이러스일 가능성이 매우 높음을 보여준다. (Schupback, 1986: 265)

1985

최근 연구들은 새로 발견된 인간 레트로바이러스와 후천적 면역결핍증 사이의 밀접한 연관성을 지적하고 있다. (Hirsch et al., 1985: 1)

1985

여러 보고서들은 사람T세포 림프친화 바이러스 유형III(HTLV-III), 즉 에이즈의 병원체가 이런 과정들에 직접 관련되었을 가능성을 보여준다.
(Ho et al., 1985: 1493)

1985

인간 T세포 백혈병(T세포 림프친화) 바이러스 유형III(HTLV-III)은 후천적 면역결핍증의 병원체다. (Resnick et al., 1985: 1498)

1988

인간 면역결핍 바이러스(HIV) 감염의 위험 요인은 규명되었으며 널리 발표되었다. (Pizzo et al., 1988: 889)

1988

인간 면역결핍 바이러스 감염은 치명적인 진행성 질환이다. 그것은 종종 인지 변화, 진행성 치매, 말초 신경 장애, 하반신 불수 같은 신경학적 장애를 동반한다. (Schmitt et al., 1988: 1573)

도 · 움 · 말

시간이 흐르며 달라지는 담론의 변화를 면밀하게 살펴봄으로써, 우리는 HIV 감염에 관해 동의가 점차 커지는 과정을 추적할 수 있다. 게이 남자들 사이에 나타난 이상 증상의 초기 설명은 점차 모든 인간에게 여러 질환을 일으키는 바이러스 감염에 관한 주장으로 이동했다. 이제 에이즈의 원인은, 적어도 생물학적 병원체는 더 이상 논란의 대상이 아니다. 어떤 치료법이 최선인가, 백신은 개발할 수 있나, 어떤 사회 · 정치적 정책들이 HIV 감염의 확산을 저지할 수 있을까 하는 문제들이 계속해서 탐구와 논쟁의 대상이 되고 있다.

갈무리

여러분이 과학에 나타나는 실험 연구보고서의 서식과 목적을 전보다 잘 이해할 수 있기를 바란다. 여러분이 어떤 주제에 관심을 기울인다면 과학계의 청중을 위해 쓴 보고서를 과감하게 읽어보라. 저자가 자기 분야에서 무엇을 '사실'로 여기는지, 그들이 가능하다고 믿는 바가 무엇인지, 증거에 기반을 두어 그들이 논증하는 바가 무엇인지 찾아낼 수 있을 것이다. 그 언어의 많은 부분이 너무나 난해하겠지만 그래도 기본적인 주요 논지는 이해할 수 있을 것이다.

더 생각하기

어떤 과학의 영역에서건 여러분이 선택한 주제에 관한 담론에 나타나는 합의 그리고 관련된 변화를 추적해보라. 여러분이나 여러분이 아는 누군가에게 영향을 끼치는 어떤 질병을 주제로 선택할 수도 있고, 매우 논쟁적 주제, 아니면 이론적 주제를 선택할 수도 있다. 전문적 과학 데이터베이스에 접속해볼 수도 있고, 좀 더 일반적인 데이터베이스를 활용할 수도 있다. 그러나 언론매체의 과학 보도보다는 과학자를 대상으로 쓴 과학 논문을 계속 읽어보라. 해당 분야에서 어떤 하나의 저널만을 검색 대상으로 제한할 수도 있다. 도입, 토의, 결론 부분을 살펴보고, 해당 분야의 과학계가 추정적 · 논쟁적 · 확증적 · 사실적이라고 여기는 바를 찾아보라. 여러분 자신의 주제를 고르지 못했다면 여기에 참조할 만한 몇 가지 예가 있다.

- 배아 줄기세포 연구
- 암흑물질(천문학)
- 남녀간성(intersexuality)
- 환경 독소
- 지구온난화

더 읽을거리

- Atkinson, Dwight, *Scientific Discourse in Sociohistorical Context: The Philosophical Transactions of the Royal Society of London, 1675-1975*, Mahwah, NJ: Lawrence Erlbaum Associates, 1999.
- Bazerman, Charles, *Shaping Written Knowledge: The Genre and Activity of the Experimental Article in Science*, Madison: University of Wisconsin Press, 1988.
- Carter, Ron, Angela Goddard, Danuta Reah, Keith Sanger, Maggie Bowring, *Working with Texts: A Core Book for Language Analysis*, 2nd edn, London: Routledge, 2001.
- Gross, Alan, Joseph E. Harmon, Michael Reidy, *Communicating Science: The Scientific Article from the Seventeenth Century to the Present*, Oxford: Oxford University Press, 2002.
- Latour, Bruno and Steve Woolgar, *Laboratory Life: The Construction of Scientific Facts*, Princeton, NJ: Princeton University Press, 1987.

인용문 출처

- Belsito, Donald et al., 'Reduced Langerhans' Cells 1a Antigen and ATPase Activity in Patients with the Acquired Immunodeficiency Syndrome (AIDS) or AIDS-related Disorders', *New England Journal of Medicine* 310 (1984): 1279-81.
- Ewing, Edwin P. et al., 'Unusual Cytoplasmic Body in Lymphoid Cells of Homosexual Men with Unexplained Lymphadenopathy', *New*

England Journal of Medicine 308 (1983): 819-22.
· Gottlieb, Michael et al., 'Pneumocystis Carinii Pneumonia and Mucosal Candidiasis in Previously Healthy Men', *New England Journal of Medicine* 305 (1981): 1425-30.
· Hirsch, Martin et al., 'Risk of Nosocomial Infection with Human T-cell Lymphotropic Virus III (HTLVIII)', *New England Journal of Medicine* 312 (1985): 1-4.
· Ho, David D. et al., 'Isolation of HTL-VIII from Cerebrospinal Fluid and Neural Tissues of Patients with Neurological Syndromes Related to the Acquired Immunodeficiency Syndrome', *New England Journal of Medicine* 313 (1985): 1493-7.
· Kornfield, Hardy et al., 'T-Lymphocyte Subpopulations in Homosexual Men', *New England Journal of Medicine* 307 (1983): 729-31.
· Laurence, Jeffrey et al., 'Lymphadenopathy-associated Viral Antibodies in AIDS', *New England Journal of Medicine* 311 (1984): 1269-73.
· Pizzo, Philip et al., 'Effect of Continuous Intravenous Infusion of Zidovudine (AZT) in Children with Symptomatic HIV Infection', *New England Journal of Medicine* 319 (1988): 889-96.
· Purves, William, Craig Heller, David Sadava, Gordon Orians, *Life: The Science of Biology*, 6th edn, New York: W. H. Freedman, 2001.
· Resnick, Lionel et al., 'Intra-Blood-Brain-Barrier Synthesis of HTLV-III-specific IgG in Patients with Neurological Symptoms Associated with AIDS or AIDS-related Complex', *New England Journal of Medicine* 313 (1985): 1498-1504.
· Schmitt, Frederick A. et al., 'Neuropsychological Outcome of Zidovudine (AZT) Treatment of Patients with AIDS and AIDS-related

Complex', *New England Journal of Medicine* 319 (1988): 1573–8.
- Schupback, J., 'Scientific Correspondence', *Science* 321 (1986): 119–20.
- Scott, Gwendolyn B. et al., 'Aquired Immunodeficiency Syndrome in Infants', *New England Journal of Medicine* 310 (1984): 76–81.
- Turnbull, Margaret C. and Tarter, Jill C. 'Target Selection for SETI. I. A Catalogue of Nearby Habitable Stellar Systems', *The Astrophysical Journal Supplement Series* 145 (2003): 181–98.

5장

과학의 수사학 이해하기

앞에서 우리는 어떤 글을 '과학적인' 글로 보이게 만드는 언어의 특성을 논의했다. 이는 과학 언어의 '전반적' 특징이라고도 할 수 있으며, 오랜 세월 동안 과학계에서 발전해온 기초 어휘와 언어 요소의 특징이기도 하다. 과학자가 글을 쓸 때에 이런 특징을 활용한다면, 그것은 그가 과학 담론의 전통에 참여하고 있다는 뜻이다.

이런 전통으로 인해, 과학 커뮤니케이션은 시적 커뮤니케이션이나 정치적 커뮤니케이션과는 다르게 과학적인 것으로 인정받을 수 있다. 그러나 모든 과학 커뮤니케이션이 정확히 동일하다는 뜻은 아니다. 또한 그렇다고 해서 동료 과학자를 설득하는 번잡한 일이 필요 없다는 것도 아니다. 과학 논문은 수사학적 설득의 행위이다. 모든 저자들은 같은 조건에서 같은 데이터를 수집한다면 같은 결론에 이를 것이라고,

논문의 독자를 설득하고자 노력한다.

과학자가 동일 실험으로 동일 데이터를 얻는다 해도 다른 과학자가 쓸 법한 논문과 똑같은 연구논문을 쓰지는 않을 것이다. 이는 언어의 창조적 잠재력 때문에, 언어를 쓰는 인간의 창조성 때문에 그렇다. 여러분이 자기만의 글을 쓸 때 엄청나게 많은 선택들(얘기하려는 주제를 글에 어떻게 도입할지, 논의를 어떻게 엮을지, 어떤 증거를 활용할지)에 직면하는 것과 마찬가지로, 과학자도 논문을 쓸 때 같은 문제들 때문에, 또는 그 밖에 다른 문제들 때문에 매우 복잡한 선택을 한다.

다음은 과학자가 논문 한 편을 쓸 때 해야 하는 선택들을 보여주는 그림이다.

저널

과학 논문을 출판하는 저널은 논문이 작성되는 방식에 중요한 영향을 끼칠 것이다. 전문화되어 독자의 지식 수준이 높다고 전제하는 저널이 있는 반면에, 대중성으로 다양한 배경을 지닌 독자를 끌어 모으는 저널도 있다. 결국 전문화의 수준에 따라 논문을 쓰는 이가 독자를 어떻게 대해야 할지가 결정된다.

실습

보기 23과 보기 24의 두 도입문에서 어떤 차이를 찾을 수 있는가? 글을 실은 각 저널에서 어떤 차이점을 볼 수 있는가?

| 보기 23 |

브루스 밸릭과 애덤 프랭크, 〈항성들의 기이한 죽음〉, 《사이언티픽 아메리칸(Scientific American)》 2004년 7월호: 51–9에서.

워싱턴대학교의 천문학 건물에서 쉽게 보이는 곳에 유리공예가 데일 치헐리의 작업장이 있다. 유리조각가로 유명한 치헐리의 찬란하게 흐르는 조각상을 보노라면 살아 있는 해저 생물이 떠오른다. 캄캄한 방에서 강렬한 조명을 받으면, 딱딱한 유리 전체에 춤추는 빛의 움직임이 타고 흐르며 유리 형상에 생명력을 불어 넣는다. 노랑 해파리와 빨강 낙지가 코발트 빛깔 바닷물 속에서 분사 추진 한다. 심해 해초 숲은 조류를 따라 이리저리 흔들거린다. 알록달록 연분홍의 가리비 한 쌍은 연인들처럼 서로 포옹한다.

천문학자에게 치헐리의 작품은 또 다른 공명을 불러일으킨다. '행성상 성운(planetary nebulae)' 이라고 불리는 천체 구조의 장관을 아주 자연스럽게 떠올리게 하는 예술품이다. 자원이 고갈된 항성이 내부에서 빛을 내고, 작열하는 원자와 이온이 형광의 색깔을 만들고, 그 배경에는 우주 암흑이 펼쳐져 있고, 이런 가운데 가스의 형상들이 살아나는 듯하다. 연구자는 그런 행성상 성운들에 '개미', '쌍둥이 불가사리', '고양이 눈' 같은 이름을 붙여주었다. 이런 천체에 대한 허블 우주망원경의 관측 영상은 지금까지 얻은 우주 영상들 중 가장 매혹적인 것들이다.

| **보기 24** |

브루스 밸릭과 애덤 프랭크, 〈행성상 성운의 형상과 형상화〉, 《애뉴얼 리뷰 오브 애스트로노미(Annual Review of Astronomy)》 40(2002): 439-86에서.

투과성 공간 분해능과 역동적 관측 영역을 갖춘 허블 우주망원경(HST)의 사냥감이 된 천문학의 여러 '표준 모형' 중에서 최초이며 가장 역사가 짧은 것은 아마도 행성상 성운(PNe)에 관한 모형일 것이다. 그 역사를 보면, 1993년에 프랭크 등이 거의 모든 행성상 성운의 형태는 중심부 항성에서 나오는 빠른 항성풍 그리고 중심부 항성의 생애 초기에 분출된 것으로 보이는 물질의 고밀도 원반이 만들어낸 노즐 사이의 유체역학적 상호작용이 진화하며 이뤄진 것으로 이해될 수 있다고 대담하게 주장했다. 1993년, 이제는 유명해진 '고양이 눈 성운'의 1994년 HST 영상(Harrington & Borkowski 1994)은 여러 측면에서 프랭크 등의 단순한 패러다임을 조롱했다. 첫째, 기이한 직교 타원체 형상 한 쌍 중 어느 하나에서도 고밀도 원반과 밀접히 연관되어 보이는 신호가 성운의 핵에서 발견되지 않았다. 둘째, HST 영상에서는 조밀하게 짜인 매듭 또는 분사구 같은 형상이 믿기 힘들 정도로 배열된 모습을 보여주었다. 그것은 현존하는 유체 모형이 신뢰할 만한 일련의 초기 조건과 경계 조건을 어떻게 설정한다 해도 쉽게 설명할 수 없는 것이었다. PNe의 형상을 우리가 이해할 수 있는 범위에서 보면, NGC 6543의 HSR 영상은 '체셔 고양이'(《이상한 나라의 앨리스》에 등장하는 고양이—옮긴이) 같은 어찌해볼 도리가 없는 모호함(frustrating ambiguity)을 떠올리게 한다.

[……]

PNe 연구는 새로운 르네상스로 들어서고 있는 중이다. 지금은 지식의 당혹, 논쟁, 놀이의 시기다. 관측자와 이론가의 상상력이 여러 분과의 경계를 넘나들면서 PNe와 pNEe의 형태학과 운동학을 설명하고자 한다. PNe는 밝은 데다 다양한 형상을 띠며 국지적인 빛의 감쇠가 드물며 많은 수로 존재하기 때문에 이런 여러 개념들을 검증할 수 있는 장이다. PNe의 형태를 설명하고자 등장하는 해석적 개념들은 점점 확대되어 무리를 이루고 조직되어 비평을 받을 준비가 되었다.

(여기에 나오는 참고문헌 표시는 원문에서 그대로 가져온 것이다.)

도 · 움 · 말

보기 23과 24의 도입 글은 두 글이 실린 저널에 관해 많은 것을 보여준다. 첫 번째 도입에 나타난 글의 목적은 행성상 성운에 익숙하지 않은 독자의 관심을 끌려는 것이다. 성운에 관한 전문지식의 요약이 없으며, 단지 일반 독자가 흥미를 느낄 만한 세세한 것들(행성상 성운이 어떻게 생겼는지, 어떤 이름으로 불리는지)을 보여줄 뿐이다. 두 번째 도입 글은 직업적 천문학자들이 구독하는 전문저널에서 가져온 것이다. 이 글은 (표준 모형이 부정확한 것으로 입증될 때에) 과학자들이 흥미롭게 여길 만한 문제로 시작한다. 이 저널의 전문적인 성격을 보여주는 다른 증거는 축약어와 전문용어, 과학 문헌 인용이 사용된다는 점이다.

청중

과학자의 글을 읽는 청중은 해당 분야의 다른 전문가들부터 대중적 청중을 위해 글을 쓰는 저널리스트에 이르기까지 폭넓다. 과학자는 자기 분야의 전문가 동료만을 청중으로 여기는 경향이 있다. 또는 특별히 자기가 얘기하는 주제가 일반 대중을 자극하거나 그들의 관심을 끌 만한 것이라면 청중을 더 넓게 고려하기도 한다. 또한 그들은 자신의 연구결과에 의문을 품거나 동의하지 않을 수 있는 해당 분야의 전문가 집단도 고려해야 한다.

실습

보기 23과 24에 제시된 두 글이 고려하는 청중에 관해 어떤 점을 추론할 수 있는가? 두 글에서 서로 어떻게 다른 청중이 추상적으로 다뤄질 필요가 있다고 생각하는가?

도 • 움 • 말

저자인 천문학자 브루스 밸릭과 애덤 프랭크는 다양한 청중과 커뮤니케이션하는 법을 잘 이해하는 드문 경우다. 《사이언티픽 아메리칸》의 일반 독자를 대상으로 쓴 글에서 그들은 독자가 잘 아는 유리공예에서 시작해 성운을 알리는 방식으로, 즉 '알려진 것'에서 '알려지지 않은 것'으로 나아가며 글을 쓴다. 글에는 허블 망원경이 포착한 성운의 사진들이 함께 실렸으며, 독자의 호기심과 흥미를 돋우고자 생생한 묘사의 언어를 사용했다.
전문적인 동료 과학자를 대상으로, 저자들은 성운의 경이보다는 풀지 못한 과학의 수수께끼에 대한 관심을 돋우는 데 더 큰 관심을 기울였다. 저자들은 자신들을 도와 행성상 성운의 모형을 더 정확한 것으로 발전시킬 수 있는 동료 과학자들을 기꺼이 맞이한다. 그들은 데이터를 제시하고 어느 저자(프랭크)의 모형이 틀렸음을 입증한다. 하지만 실망스럽긴 해도 오류가 곧바로 환멸을 일으키지는 않는다. 오히려 그 때문에 풀어야 할 새로운 수수께끼를 두고서 다시 힘을 돋운다. '체셔 고양이'처럼 성운의 형상과 구조는 '어찌해볼 도리 없는 모호함'이지만 저자들은 그것을 '새로운 르네상스'에 연결함으로써 흥미진진한 새로운 개념과 변화의 시대를 떠올리게 한다. 이런 도입 글은 새로운 지식을 향해 나아가는 연구에 과학자들의 관심을 끌어모으고자 의도한 것이다.

주제의 성격과 저자의 목적

과학 글의 주제와 목적은 글을 어떻게 쓰고 어떤 구조로 엮을 것이냐에 영향을 끼친다.

주제는 새로운가?

《사이언티픽 아메리칸》의 독자들에게 행성상 성운은 처음 보는 주제일 것이다. 그래서 저자들이 유리공예와 연관을 지어 행성상 성운의 아름다운 구조를 알리고자 했다는 점에 주목할 필요가 있다.

전문적인 청중에게는 행성상 성운이 새로운 것이 아니다. 그래서 저자들은 행성상 성운이라는 주제를 알리는 일에 그리 걱정할 필요가 없다. 하지만 여기에서는 (성운 구조에 관해 그동안 참이라고 여겼던 바가 정확하지 않다는) 저자들의 도입부가 이 글에서 다룰 주제 중에서 새로운 부분으로서 도입된다.

과학자 저자는 과학자들에게 새로운 주제 또는 문제를 알리고 설명할 때, 그 주제가 실재적이며 강력한 것임을 입증하는 언어를 사용해야 한다.

실습

보기 25는 내가 마이클 고틀립(Michael Gottlieb) 박사와 한 인터뷰에서 발췌했다.

고틀립 박사는 나중에 에이즈로 불리게 된 증상에 관한 최초 보고서를 쓴 저자다. 그의 보고서는 1981년 6월에 《모비디티, 모털리티, 위클리 리포트(Morbidity, Mortality Weekly Report)》에 발표됐다. 그해 12월에 그의 다른 보고서가 《뉴잉글랜드 의학저널》에 발표됐다. 나는 1994년 6월 28일 로스앤젤레스에 있는 고틀립 박사의 사무실에서 그와 인터뷰했다. 고틀립 박사는 의학계에 신종 질병을 보고했을 때 무엇을 걱정하고 있었을까?

| 보기 25 |

리브스 | 에이즈를 최초로 보고한 사람으로서 직면했던 이슈 또는 문제를 몇 가지 얘기해주세요.

고틀립 박사 | 글쎄요, MMWR[Morbidity and Mortality Weekly Report, 미국 질병통제센터(CDC) 발행]에 첫 번째 보고서를 낼 때에 보고서 제목과 관련해 논란이 있었지요. 애초에는 제목이 '남자 동성애자들의 폐포자충 폐렴'이었지요. 그런데 CDC가 그것을 편집하면서 '로스앤젤레스 지역의 폐포자충 폐렴'이라고 바꿨습니다. 우리가 관찰한 현상은 남자 동성애자들한테서 발병하는 폐포자충 카리니 폐렴이었는데, 그건 정확한 관찰결과였어요. MMWR에 보고된 환자들은 모두 공개적인 게이였는데, 당시 의학계에 있는 우리는 공개적인 게이에 대해 거의 아는 게 없었습니다. 그러니 그것은 이런 환자들을 처음으로 알아가는 경험이었습니다. 우리는 그들의 성 정체성을 충분히 받아들일 준비가 돼 있었고, 그래서 보고서의 애초 제목이 적절하다고 생각했지요. 우리가 반드시 동성애를 보고서에서 얘기할 필요는 없었지만, CDC는 정치적인 고려사항에 좀 더 맞춰나가려고 했지요. 결국에는 에이즈가 게이 질병이 아닌 것으

로 입증되긴 했지요. 그러나 우리의 애초 서술은 정말이지 우리가 보았던 그대로 보고됐어야 했습니다. NEJM[New England Journal of Medicine]에는 우리의 관찰결과를 좀 더 정확히 반영한 논문의 제목이 실렸습니다.

리브스 | 새로운 의학적 문제를 서술하는 데 가장 중요한 것은 무엇인지요? 당신이 성공적으로 해냈다고 생각하시나요?

고틀립 박사 | 저는 전문가였습니다. 학계의 전문가로 산다면, 당신도 당신이 관찰한 것이 진정한 것, 새로운 것이며 주목할 만한 가치를 지닌다고 사람들한테 확신시키고자 할 것입니다. 그리고 당신은 최선의 의학 언어로 사례 연구보고서를 쓰겠지요. 당신이 의과학자라면 무언가를 보고하고자 할 테고, 그 의미가 무엇인지에 관해 당신의 견해를 내놓고자 하겠지요. 하지만 데이터를 넘어서지는 않으려 할 테고요. 당신은 과학적 방법을 견지하고자 노력하겠지요.

리브스 | 중요하다고 여기신 데이터를 넘어섰던 무언가가 있었나요? 알고도 말할 수 없었던 게 있었는지요?

고틀립 박사 | 그런 말을 했는지 안 했는지는 기억나지 않습니다만, 우리가 동성애 선호를 지닌 남자들 사이에서 새롭고도 무서운 질병을 보여주는 한 무리의 사례(비교적 짧은 기간에 일어난 5건의 사례)를 목도했다는 것은 사실이고, 또 게이처럼 성적으로 매우 활동적인 사람들 안에서 성 접촉으로 전파되는 질병이 확산될 가능성을 알고는 크게 우려하고 두려워했던 것은 사실입니다. 그게 뭐든 간에 크나큰 재난이 될 수 있으니까요.

리브스 | 하지만 당신은 강하게 말할 수는 없었는데요.

고틀립 박사 | 우리는 그렇게 말할 만한 데이터를 가지고 있지 못했습니다. 그래요. 아마도 그렇게 말하면 데이터를 뛰어넘는 얘기가 됐을 것입니다.

리브스 | 시기야 조금 이르건 늦춰지건, 당신은 그 문제들을 얘기할 수 있었을 텐데요.

고틀립 박사 | 맞습니다. CDC가 우리 보고서를 본 뒤에 뉴욕과 샌프란시스코에서 추가 사례들을 CDC 감독하에 발견했고, 또한 이것이 전국적 질병이지 국지적 질병은 아니라는 사실도 알게 됐습니다. 게이 남자와의 연관성이 나타났고 더 나아가 그 질병이 광범위하고도 심각하다는 인식이 생겨날 수밖에 없었지요.

도 · 움 · 말

1980년대 초에 미국에서 에이즈로 숨져간 최초의 환자들을 치료한 최초의 다른 의사들처럼, 고틀립 박사도 신종 전염성 질환이 나타났다고 믿었다. 그는 '크나큰 재난'을 두려워했지만 소수 환자들만으로는 자신의 직감을 직접 표출할 만한 충분한 증거를 확보하지 못했다. 그는 자신의 청중이 올바른 결론에 이르기를 기대할 뿐이었다. 그는 담론의 규칙을 신중히 따라 '최선의 의학 언어'를 사용했고 '데이터를 뛰어넘는 일은 없었다'. 많은 의사들이 동성애에 관해 아는 게 별로 없었고 많은 이들이 반감을 갖고 있었기 때문에, 그는 보고서를 읽을 의사들이 동성애 남자들이 사망에

> 이르는 질병에 주의를 기울이도록 설득해야 한다는 것을 알고 있었다. 또한 자신이 의사와 의과학자들한테 주의를 기울이도록 확신을 주지 못한다면 질병은 확산될 것도 알고 있었다. 그는 자신의 의사 청중이 최초의 에이즈 환자들을 인식하고, 그래서 의과학자들이 원인과 치료법을 찾는 데 영감을 받을 수 있도록 최선의 의학 언어를 사용해 새로운 의학적 문제를 입증해야 했다.

*다른 여러 고려사항*들도 논문이 작성되는 방식에 영향을 끼치는데, 거기에는 저자가 해당 분야에서 신참인가 또는 널리 알려진 인물인가, 즉 집단 안의 저자 지위가 어떠한지, 그리고 해당 주제가 얼마나 알려진 것인지, 주제가 일반 공공의 보건이나 안전, 안보, 환경과 어떤 관련이 있는지 등이 포함된다.

이런 고려사항 중 어느 하나를 어떻게 다룰지에 관해 선택함으로써, 과학 논문 또는 단행본의 저자는 제시된 데이터에 관해서만이 아니라 그 문제의 일반적 성격, 해당 분야 연구의 미래, 인용된 사람과 저자 자신 등에 관해서 청중이 생각하는 방식에 영향을 끼칠 수 있다.

설득의 기교로서 수사

과학자도 다른 사람들과 마찬가지로 설득력 있게 커뮤니케이션하기를 원한다. 그러기에 과학자도 수사의 기교를 사용해야 한다. 먼저 아리스토텔레스의 정의를 보자.

> 수사는 특정한 상황에서 설득하기의 가용한 모든 수단을 찾아내는 능력이다. (Aristotle, 1960)

무엇보다 수사에는 창조성(creativity)과 창의성(inventiveness)이 필요하다는 점에서 볼 때, 과학에서도 수사는 일종의 *기교*이다. 그것은 의도된 방식으로건 의도되지 않은 방식으로건 다른 사람에게 영향을 끼칠 수 있다는 점에서 기교인 것이다.

또한 수사는 주어진 어떤 상황에서 가장 잘 작동할 만한 단어, 문장 문체와 서식을 선택하는 일에 인간을 개입시킨다. 논란의 여지없는 주제이며 고도의 경험과 전문지식이 갖춰졌다면, 저자는 그 선택을 덜 의식하고 덜 골치 아플 수 있다. 그러나 초보자에게, 또는 큰 반대에 직면해 있는 사람이나 미묘하고 논쟁적인 주제를 다루는 사람에게 커뮤니케이션의 올바른 방법을 선택하는 일은 매우 신경 쓰이는 일이다.

*선택*은 어떤 저자가 특정한 목적을 위해 취할 수 있는 일정 범주의 수단이나 도구 안에서 이뤄진다. 예컨대 과학자가 연구성과를 보고하면서 설득을 위해 취할 수단으로 만화를 선택할 수는 없다. 과학자는 과학적인 것의 범주에 속하는 단어와 문장, 문체를 택해야 한다. 과학에서 설득에 쓸 만한 수단은 광고인이나 정치인 그리고 부모한테서 용

돈을 타내려는 대학생이 쓰는 수단과는 다르다. 과학자는 정서적 호소를 드러내놓고 사용하지 않을 것이다. 그들은 청중에게 증거의 지지를 받지 못하는 약속을 하지 않는다. 주장을 과장해서도 안 되며 연구결과를 극적인 것으로 만들어서도 안 된다. 그들은 반대편에 선 사람에게 싸움을 걸 듯 공격하지 않으며 경쟁자의 연구를 무시하지도 않을 것이다. 그러나 논문을 쓰는 과학자는 이런 제한을 따르면서도 여전히 만만찮은 수많은 선택들에 직면한다.

주어진 상황(given case)은 저자나 강연자가 마주하는 수사적 상황을 말한다. 상황에는 저자의 주된 목적과 대상 청중까지 포함되는데, 그런 상황은 논문의 설득력에 영향을 끼친다. 어떤 논문은 믿을 만하게 잘 작성되고도 청중이 누구인지 잘못 계산하는 바람에 실제로 논문을 읽는 사람들을 설득하지 못할 수도 있다. 어떤 논문은 놀라운 통찰력을 담고도 글쓰기가 어색하고 적절하지 못해 간과되기도 한다.

실습

근대 과학의 역사에서 과학자가 행한 가장 주목할 만한 과학적 수사 중 하나는 찰스 다윈이 여러 차례 개정판을 내며 『종의 기원』에서 자연선택 이론을 발표한 일이다. 보기 26과 27은 그 책에 실린 글이다. 이 글에서 다윈은 청중과 당시 사회의 문화적 상황을 어떻게 이해하고 있다고 보이는가? 자신이 다루는 주제의 성격을 고려해 다윈이 내린 결정은 어떠한 것이었는가?

| 보기 26 : 다윈의 서문에 있는 문단 |

자연학자로서 H. M. S. 비글호를 타고 항해할 때, 나는 남아메리카 서식 동물의 분포, 그리고 그 대륙의 과거 서식 동물과 현재 서식 동물의 지질학적 관계에 나타난 어떤 사실들에 강한 인상을 받았다. 그 사실들은 위대한 자연철학자 한 분이 말했던 대로 수수께끼 중의 수수께끼인 '종의 기원'에 어느 정도 빛을 비춰주는 듯이 여겨졌다. 항해를 마치고 돌아온 1837년에, 이런 물음에 어떤 의미를 지니는지도 모를 온갖 종류의 사실들을 참을성 있게 축적하고 성찰한다면 그 물음에 대해 무언가가 성취될 수도 있겠다는 생각이 갑자기 떠올랐다. 5년간의 작업이 끝난 뒤에 그 주제에 관해 숙고하기 시작했고 몇 가지 짧은 노트들을 작성했다. 1844년에 그것들을 확장해 결론의 밑그림을 마련했는데 당시에 그 결론은 내게 그럴듯하게 보였다. 그때부터 오늘날까지 쉼 없이 동일한 목표를 추구해왔다. 내가 어떤 결정에 이른 것이 경솔하게 이뤄진 게 아니었음을 보여주고자 이렇게 개인적인 상황을 자세히 적는 것을 혜량해주시길 바란다. (Darwin, 1859: 3)

도 · 움 · 말

이 글은 다윈의 위대한 저작에서 첫 번째 문단으로 나오는데, 이는 다윈이 자신과 청중 사이에 구축해야 하는 미묘한 관계를 인식했음을 보여준다. 다윈의 책을 읽는 19세기의 교양을 갖춘 일반 독자는 생물체가 수백만 년에 걸쳐 지금 상태로 점진적으로 진화해왔다는 그의 주장에 호기심을 보이면서도 동시에 의심을 품었을 것이다. 창조 이야기를 들으며 자란 많은 사람들에게 인간 진화의 문제는 크나큰 불안을 야기했을 것이다. 수 세기에 걸친 창조론 교육을 반박할 정도로 대담한 사람은 이단아와 미치광이로 간주되고, 신뢰할 수 없는 사람으로 쉽게 무시될 수 있었다. 다윈은 청중이 자신한테 마음을 베풀 수 있음을 아주 잘 인식했던 것으로 보인다. 곧바로, 그는 청중의 거부감과 회의주의를 몰아내고자 공감할 만한 자신의 인상을 창출하기 시작했다. 그는 독자와 함께 비글호에 승선해, 그가 보았던 것에 대한 반응, 독특한 호기심과 끈기 있는 연구를 함께 나눈다. 그는 독자들한테 자신이 경솔하거나 성급하지 않기에 믿을 만하다는 점을 보여주고자 자신이 취한 끈기 있고 신중한 접근과정을 부각시켰다.

| 보기 27 : 다윈의 결론에 있는 문단 |

이 책에 제시된 견해들이 누군가의 종교적 감성에 충격을 주어야 할 이유는 없다. 그런 인상조차 얼마나 덧없는 것인지 보여주면서, 인간이 이룬 가장 위대한 발견, 즉 중력 법칙조차도 한때 라이프니츠에 의해 "자연의 종교, 즉 계시적인 종교를 전복하는 것"이라고 공격받았음을 다시 기억하는 것만으로도 만족스럽다. 어느 저명한 저자이자 성직자는 내게 보낸 편지에서 이렇게 말했다. "더 많은 배움을 얻고 있습니다. 신이 애초에 아주 적은 수의 형상을 창조했으며 그것이 다른 형상으로 필요에 따라 스스로 발전했다고 믿는 것이 아주 고귀한 신성의 개념이라는 것을 말입니다. 그것은 신이 만든 법칙들이 작용하다 생기는 빈자리를 채우기 위해 신이 새로운 창조 행위를 한다고 믿는 것만큼이나 고귀한 신성 개념이지요." (Darwin, 1859: 120)

여기에서 다윈은 자신의 견해와 신앙심을 지닌 독자의 견해를 조화시키고자 한다. 중력 법칙이 한때 전복적인 것으로 공격받았다고 언급함으로써, 다윈은 독자가 자연선택 이론도 뉴턴의 이론과 마찬가지로 합리적일 뿐 아니라 위협적이지 않다는 결론을 내려주길 기대한다. 자연선택을 받아들여야 할 이유를 깨달은 어느 '저명한 저자이자 성직자'의 증언을 사용함으로써, 다윈은 다른 이의 인용을 통해 자신의 논증을 펼친다.

과학 논증 분석하기

과학 커뮤니케이션에서 이뤄지는 논증들은 언제나 일정한 형식의 증거나 데이터에 기반을 두게 마련이다. 그러나 때때로 과학자들의 결론 또는 주장과, 실험실 연구에서 나온 증거나 데이터 사이의 관계는 모든 청중이 받아들일 정도로 자명하지 않는 경우가 있다. 과학적 추론도 역시 모든 인간 커뮤니케이션의 영역에서 볼 수 있는 추론의 패턴에 의지한다. 추론과 논증의 몇 가지 일반 패턴은 다음과 같다. 제시된 사례들은 일반 커뮤니케이션과 과학 커뮤니케이션 모두에 해당하는 것이다.

1. 정의에서 추론하기 : 논증은 청중에게 참이라고 받아들여지는,

또는 저자가 그렇게 받아들여지기를 희망하는 대상물이나 과정의 개념 정의에 바탕을 두어 이뤄질 수 있다.

다음 예들은 생명체가 거주할 만한 항성계의 탐색과 관련된 타터와 턴불의 논문에서 가져온 것이다(4장과 5장 참조—옮긴이). 저자들은 생명체가 거주할 수 있는 수많은 항성계를 찾아냈다는 주장의 근거를 다음과 같은 개념 정의에 두고 있다.

> "우리는 지난 30억 년 내내 액체 물을 형성하고 유지할 수 있었던 지구 유사 행성이 있는 항성계를 '거주 가능' 항성계라고 정의한다."

2. 관계에서 추론하기 : 논증은 대상물들 간의 관계(비교, 유비, 은유)에 근거를 두어 이뤄질 수 있다.

행성상 성운에 관한 밸릭과 플랭크의 글을 예로 들 수 있다. 이들은 성운 구조의 모호한 성격을 《이상한 나라의 앨리스》에 등장하는 '체셔 고양이'와 비교한다.

> "PNe의 형상을 우리가 이해할 수 있는 범위에서 보면, NGC 6543의 HSR 영상은 '체셔 고양이' 같은 어찌해볼 도리 없는 모호함을 떠올리게 한다."

3. 상황에서 추론하기 : 논증은 어떤 것을 가리키는 상황 또는 정

황에 근거를 두어 이뤄질 수 있다. 이런 논증은 미래를 겨냥하는 것일 수 있다.

타터와 턴불의 글에서, 저자들은 생명체를 유지하는 능력을 가리키는 '상황' 으로서 행성의 크기를 지목한다.

"'햅캣(HabCat, 거주 가능 항성계의 목록)' 에 있는 17,163개 항성 중에는 총 65개 행성을 지닌 55개 항성이 있는데, 거기에서는 가장 작은 행성(HD 49674)의 질량도 목성 질량의 0.12에 달한다(목성 질량은 지구 질량의 318배다—옮긴이). 이런 행성들은 모두 거대한 가스 행성일 가능성이 높아 지구 유사 생명체를 유지할 수 있을 것 같지 않다."

저자들은 거주 가능성을 가리키는 다른 '상황' 을 추가로 지목한다.

"하지만 (a)거대 행성이 HZ(거주 가능 지대)의 동역학적 안정성을 간섭하지 않거나 (b)거대 행성이 궤도운동 내내 HZ를 떠나지 않으며 잠재적으로 거주 가능한 위성을 생성한다면, 그런 조건에서는 이런 행성계도 거주 가능한 것일 수 있다."

4. 증언에서 추론하기 : 논증은 특정 주제에 관해 분명한 신뢰를 받는 직업적 전문가들의 증언에 근거를 두어 이뤄질 수 있다. 특정 주제에 관해 실질적 신뢰를 받지는 않더라도 존경을 받는

사람들의 증언에 의지할 수도 있다.
다른 과학자의 증언을 인용해 위성의 거주 가능성을 제시하는 타터와 턴불의 예를 보자.

"위성의 잠재적 거주 가능성에는 의문의 여지가 있다. 거대 행성이 높은 복사 에너지의 환경을 지닌다는 점, 거대 행성이 대규모 충동체들의 중력 초점이 될 가능성이 있다는 점, 아주 잘 밝혀진 태양계 밖의 거대 행성들이 큰 이심률을 지닌다는 점을 고려할 때 그렇다. 윌리엄스와 캐스팅, 웨이드는 만일 위성이 지구 자기장과 유사한 환경을 지닌다면 복사 효과를 회피할 수 있음을 입증했다(1997). 또 윌리엄스와 폴러드는 연간 평균으로 위성 표면에 떨어지는 항성 복사 유입량이 원 궤도를 돌 때와 비슷하다면, 이심률 궤도에 놓인 행성들에도 거주 가능성이 있다고 제시했다(2002)."

실습

보기 28~31의 문장을 읽고서 찰스 다윈이 정의 추론, 관계 추론, 상황 추론, 증언 추론을 어떻게 사용하는지 구별해보라.

| 보기 28 |

다른 기후 지대로 옮겨 심어진 식물의 개화 시기에 나타나는 것처럼 변화된 습성은 유전되는 효과를 낳는다. 동물의 경우에, 신체 일부를 사용하거나 사용하지 않는 일이 잦아지면 더욱 두드러진 영향이 나타난다. 그리하여 나는 전체 골격의 비율로 볼 때 야생 오리에 견주어 가축 오리의 날개뼈가 더 가벼워지고 다리뼈는 더 무거워졌음을 알게 됐다. 그리고 이런 변화는 의심할 바 없이 가축 오리가 야생 오리보다 덜 날고 더 걷기 때문에 생긴 것이라고 말할 수 있다. (Darwin, 1859: 7)

도 · 움 · 말

보기 글에서 다윈은 환경에 대한 적응의 결과로 발전한 형질이 후손들한테 유전된다는 주장을 옹호하고자 한다. 여기에서 그는 '상황 논증' 을 사용한다. 가축 오리와 야생 오리의 다리와 날개의 무게가 다르다는 자신의 관찰 사실이 여기에서 '상황' 이 된다. 이런 관찰된 차이는 다른 환경이나 습관이 다리와 날개의 무게를 만들어내며 후속 세대에게 유전함을 가리킨다고 그는 논증한다.

| 보기 29 |

매우 현저하며 분명한 변종(variety)만을 종(species)이라고 보는 관점에서 볼 때에, 나는 어느 지역에서건 작은 속의 종보다는 큰 속에 속한 종에서 변종들이 더 자주 출현할 것이라는 예측에 이르렀다. 가까운 친연 관계를 지닌 종들(예를 들면 동일한 속에 속한 종들)이 많이 형성된 곳이면 어디에서건, 일반적으로 변종, 즉 종의 시초 형태들이 지금도 많이 형성되는 중이라는 게 분명하기 때문이다. 큰 나무들이 많이 자라는 곳에서는 어린 나무들도 찾아볼 수 있다. 같은 속에 속하는 많은 종들이 변이를 거쳐 형성된 곳이라면 그 환경은 변이가 일어나기에 좋은 곳이다. 그래서 우리는 일반적으로 그런 환경이 변이에 대해 여전히 우호적일 것이라고 생각할 수 있다. 반면에 우리가 모든 종을 특별한 창조 행위의 결과물로 바라본다면, 소수의 종을 지닌 집단보다 다수의 종을 지닌 집단에서 변종이 더 많이 출현하는 분명한 이유를 찾을 수 없다.(Darwin, 1859: 26-7)

도 • 움 • 말

이 글에서 다윈은 변종 현상을 이해하고자 사실상 종의 정의에 의거한 논증을 펼치고 있다. 그는 종을 '특별한 창조 행위'로 보는 낡은 정의로는 하나의 종 안에서 개체가 왜 변이를 일으키는지 설명할 길이 없다고 주장한다. 이는 정의가 생각의 장치 또는 이론으로 사용되었음을 보여준다. 그는 '매우 현저하고 분명한 변종만을 종이라고 봄'으로써 작은 속보다는 더 큰 속에서 변종들이 더 많이 생겨날 것이라는 "예측에 이르렀다"고 말한다. 그래서 이 보기 글은 정의가 수사이자 생각의 양식임을 예시한다.

| 보기 30 |

인간이 조직적이거나 무의식적인 선택 수단을 써서 위대한 결과를 생산할 수 있고 또 확실히 그렇게 해왔듯이, 자연의 선택이 그러하지 못하란 법이 있는가?

인간의 작용은 외적이고 가시적인 형질에만 미칠 수 있다. 반면에, 적자의 보존 또는 생존을 인격화해 말해도 된다면, 자연은 외양에 관해서는 전혀 신경을 쓰지 않는다고 할 것이다. 오로지 적자들이 어떤 것에 대해 유용한지 아닌지만 신경 쓸 뿐이다. 자연의 작용은 모든 내적 기관 각각에, 미묘한 구성의 모든 차이 하나하나에, 생명의 전체 기제에 미칠 수 있다. 인간은 오로지 자신의 이익을 위해 선택한다. 그러나 자연은 오로지 자신이 돌보는 존재의 이익을 위해서만 선택한다. (Darwin, 1859: 38–9)

도 • 움 • 말

보기 글에서, 다윈은 관계에 의거한 논증을 써서 자연선택의 내적 일관성과 합리성을 독자에게 설득하고자 한다. 책 전체로 볼 때, 다윈은 앞의 보기 글에 나타나는 것과 다른 방식으로 동물육종과 자연선택의 유사성에 관한 '관계 논증'을 사용한다. 책의 다른 부분에서 그는 인간의 동물육종을 자연선택의 유비(analogy)로 사용하여 자신의 생각이 합리적임을 입증하고자 한다. 그러나 여기 보기 글에 쓰인 그의 관계 논증은 자연선택과 동물육종의 대조와 차이에 관해 말한다. 생물체에 호의를 베푸는 방식에서 자연선택은 동물육종과 구분된다. 인간의 동물육종은 오로지 '외적이고 가시적인' 형질에만 기반을 두며, 그런 형질에 대한 의도적인 유전 조작은 종 자신에게 아무런 도움이 못 될 수도 있다는 것이다.

| 보기 31 |

유비의 도움을 빌면, 나는 한 발걸음 더 나아가 모든 동물과 식물이 어떤 하나의 원형에서 유래했다는 믿음에 이를 수 있다. 그러나 유비는 눈속임을 쓰는 안내자일 수도 있다. 그렇더라도 모든 생물체는 그 화학적 조성, 세포 구조, 성장 원리, 유해한 영향에 대한 취약성의 측면에서 공통점을 많이 지니고 있다. 우리는 동일한 독소가 종종 식물과 동물에 비슷한 영향을 끼치거나, 또는 어리상수리혹벌이 품은 독소가 야생 장미나 오크나무에도 괴물 같은 발육을 초래한다는 아주 사소한 사실들에서 그런 공통점을 본다. 아주 하등한 것들 몇몇을 빼면 모든 유기체 존재에서, 유성생식은 본질적으로 비슷해 보인다. 지금까지 알려진 것으로 볼 때, 모두에서 배아소포(germinal vesicle)는 동일하다. 그러므로 모든 유기체는 공통의 한 가지 기원에서 출발한 것이다. 두 가지의 큰 분류, 즉 동물계와 식물계를 바라보더라도 어떤 하등 형태들은 너무나도 중간적인 특성을 띠고 있어서, 자연학자들은 그것이 동물계나 식물계 중 어디에 속하는지를 두고 논쟁을 벌여왔을 정도다. 아사 그레이 교수가 말했듯이 "여러 하등한 조말류에 있는 포자들과 기타 생식 기관들은 처음에는 특성상 동물의 존재를 취했다가 나중에는 명백히 식물적인 존재를 취하는 것으로 보인다." 그러므로 특성의 분기에 관한 자연선택의 원리에 비춰보면, 그런 하등의 중간적인 어떤 형태들에서 동물과 식물이 모두 발전해왔다는 게 믿지 못할 일만은 아닌 것 같다. 그리고 만일 우리가 이를 받아들인다면, 마찬가지로 이 지상에 생존했던 적이 있는 모든 유기체 존재들은 어떤 하나의 원시 형태에서 유래했을 것이라는 점을 인정할 수밖에 없다. 그러나 이런 추론은 주로 유비에 바탕을 두어 이뤄진 것이며, 그것을 받아들여야 하느냐 아니냐는 중요한 문제가 아니다. (Darwin, 1859: 212)

도 · 움 · 말

보기 글에서, 다윈은 모든 생명체가 '어떤 하나의 원시 형태에서 유래' 했음을 논증하며 유비의 사용을 분명히 보여주고 있다. 그가 '유비는 눈속임을 쓰는 안내자일 수 있다' 고 인정하지만, 다윈은 계속해서 유비를 적용하며, 아주 다른 속에 속한 생물체들 간의 유사성을 활용하면서 모든 속이 단일 형태에서 진화했다는 유사성을 옹호한다. 또한 그는 널리 알려지고 존경받는 아사 그레이 교수의 말을 인용하며 증언 논증을 사용한다.

수사와 에이즈

에이즈의 원인을 밝히려는 연구경쟁의 한복판에서 과학에서 중요한 어떤 수사적 상황을 볼 수 있다. 1983년에 에이즈 발병 사례가 세계 곳곳에 등장했을 무렵에, 생의학 과학자들은 맹렬히 그 원인을 찾고 있었다. 몇 가지 계통의 시사적인 증거들에 바탕을 두어, 1983년에 소수의 의과학자들은 에이즈의 원인이 바이러스라고 믿었다. 저명한 미국 과학자인, 미국 국립보건원(NIH)의 로버트 갈로(Robert Gallo)는 이 새로운 질병의 원인이 레트로바이러스일 것이라고 주장했다. 또한 갈로는 에이즈의 원인이 1970년대 후반에 자신이 발견했던 특정 유형의 레트로바이러스라고 믿었다. 그것은 세계 여러 지역에서 특정 유형의 백혈병을 일으키는 인간 T세포 백혈병 바이러스, 즉 HTLV였다.

갈로 박사는 인간 레트로바이러스를 최초로 발견해 '현대 레트로바이러스학의 아버지'로 인정받는 인물이었으며, 1980년대에는 미국 국립암연구소(NCI)에서 이름난 종양세포학연구소(Laboratory of Tumor Cell Biology)의 소장을 지냈다. 갈로의 명성 때문에, 그리고 그가 자신이 발견한 레트로바이러스가 에이즈의 원인이라고 주장한 보고서를 이미 발표한 적이 있었기 때문에, 갈로가 옳다고 믿는 과학자들은 많았다.

그렇지만 파리 파스퇴르연구소의 장 뤼크 몽타니에 실험실에 있는 과학자들은 갈로가 틀렸다고 믿었다. 그들은 에이즈 환자의 혈액에서 레트로바이러스를 분리했으며 그것이 HTLV와 같지 않다는 생각을 품었다.

1984년 무렵에 갈로와 몽타니에는 모두 《사이언스》에 논문을 발표할 준비를 하고 있었다. 두 연구팀은 세상을 향해 각자 자기들이 에이즈 바이러스를 발견했다고 설득하기 위해 어떤 가능한 설득의 수단을 선택했을까?

이것은 몇 가지 이유 때문에 굉장히 심각하고 수사적인 상황이 되었다. 가장 중요하게는, 에이즈의 진짜 원인을 식별해낸다면 초기 진단이 가능해질 뿐 아니라 새로운 감염을 차단하는 데에도 도움을 줄 수 있다는 점이었다. 또한 그렇게 된다면 혈액은행 기업들도 기부 혈액을 검사해 공급 혈액을 보호할 수 있게 될 터였다. 그 원인을 최초로 발견한 사람들은 찬사뿐만 아니라 특허와 수십억 달러를 거머쥘 수 있었다. 미국립보건원과 파스퇴르연구소는 중대한 소득을 얻는 지위에 오르게 된다. '에이즈 원인의 발견자'로 불릴 과학자는 심지어 노벨상도 거뜬히 받을 수 있을 것이었다. 에이즈 연구의 이면에 있는 이런 동기들은 경제적이며 정치적일 뿐만 아니라 인도주의적이며 과학적인 것이었다.

실습

보기 32는 미국 연구팀과 파스퇴르 연구팀의 여러 멤버들이 한 말을 인용한 것이다. 이 인용문들은 에이즈의 원인을 규명하려고 분투하는 두 연구팀의 경쟁 관계와 관련해 무엇을 보여주는가? 과학의 수사를 바라보는 두 연구팀의 관점과 관련해 무엇을 보여주는가?

| 보기 32 |

이 기간 내내 나는 과학보다는 정치에 관해 더 많은 것을 배웠다. 나는 찬사를 받으려면 훌륭한 세일즈맨이 되어야 한다고는 결코 생각하지 않았다.

(장 뤼크 몽타니에, HIV의 공동 발견자. Shilts, 1987: 496에서 인용)

우리는 1983년에 우리의 데이터를 확신하기도 했지만 당시에는 아주 약간 조심했어요. 아주 약간 그랬지요. 우리는 독자들이 추론해 판단하기를 바랐습니다. 제 생각에, 과학자들 사이에서 우리가 적극 나설 이유는 정말이지 없었어요. 우리는 그저 과학을 해야 합니다.

(프랑수아 바레-시누시, 에이즈 환자 유래 바이러스의 분리에 관한 최초 프랑스 논

문의 제1저자, 1995년 7월 23일 워싱턴 DC에서 인터뷰)

몽타니에는 그의 연구팀이 발견한 바이러스가 에이즈의 원인이라고 결론 내리지 않았다. 그의 발표 스타일은 사실을 중시했다.
(갈로, 1991)

1983년과 1984년에 발표된 그의 논문들을 보세요. 그는 에이즈 바이러스를 확보했다고 주장하지 않았습니다. 처음으로 이것이 에이즈의 원인이라고 말했던 최초의 사람이 저입니다. 저는 단언도 했고 그것을 입증하는 혈액 시험도 했어요.
그[몽타니에]는 에둘러서 얘기하면서, 아시잖아요, 어떤 결론도 내리지 못했어요. 글쎄요, 결론을 내리지 못한다면 그건 아마도 두 가지 이유 때문이겠지요. 적절하게 논리를 세울 생각을 갖고 있지 못하거나, 아니면 데이터를 갖고 있지 못할 때에 그렇지요. 제 말씀은 결론이 저기에 있다면, 그런데도 결론을 내리지 못했다면, 우스운 꼴이라는 말이지요.
(로버트 갈로, 1995년 8월 3일 국립암연구소에서 인터뷰)

이번 경험을 통해 제가 배운 몇 가지 중에 하나는 미국인 독자를 대상으로 논문을 쓰는 방법입니다. 일반적으로 미국 실험실에서 나오는 논문은 프랑스에서 우리가 논문을 쓰는 방식보다 더 공세적입니다.
(프랑수아 바레-시누시, 1995년 7월 23일 워싱턴 DC에서 인터뷰)

프랑스와 미국의 실험실 연구팀은 과학 수사에 관해 매우 다른 태도를 취했다. 장 뤼크 몽타니에의 연구팀은 노골적인 수사적 설득을 하지 않아도 독자가 자신들의 증거에 대해 올바른 결론을 내려줄 것이라는 태도를 분명히 취했다. 이와는 대조적으로, 로버트 갈로 연구팀은 어떤 생각의 의미를 독자가 파악할 수 있게 하려면 그런 생각을 공세적으로 널리 알려야 한다고 생각했다.

수사와 과학 네트워크

과학에서 수사적 진행과정은 영향력을 만들어내는 원천으로서 중요하게 작용한다. 어떤 연구팀이 여타 실험실의 과학자 독자를 대상으로 연구보고서를 쓸 때, 이 연구팀이 취하는 선택은 과학계에서 이뤄지는 몇 가지 사회적 진행과정에 매우 중요하게 작용할 것이다.

사회학자인 브루노 라투어는 과학을 '동맹과 영향력의 네트워크를 창출하기 위해 정치와 수사학에 의지하는 일종의 사회적 과정'으로 바라본다(1987). 그의 관점은 수사에 의해 형성되고 유지되는 과학의 이런 사회적 과정을 이해하는 데 도움을 준다.

1. 라투어에 의하면 과학자들이 사용하는 수사는 과학자들 사이에 동맹의 네트워크를 창출하는 데 기여한다. 동맹 네트워크는 거기에 속한 과학자들한테 지원과 협동을 제공한다. 자신이 네트워크의 일원임을 보임으로써, 또는 새로운 동맹체를 그 네트워크에 끌어들임으로써, 과학자들은 자신의 동맹과 충심을 주장한다.

실습

보기 33은 우리가 2장에서 읽었던, 생명체가 거주할 만한 항성계의 목록을 보고한 논문의 도입이다. 저자들은 어떤 네트워크, 즉 협동적 노력을 서술하고 있는가?

| 보기 33 |

마거릿 턴불과 질 타터의 논문, 「세티 연구소의 표적 선별. 태양계 부근의 거주 가능 항성계의 분류목록」에서.

'생명체 거주 가능성을 지닌 태양계 주변 항성계의 분류목록(HabCat)'을 작성하는 일은 무엇보다도 세티 연구소의 불사조 프로젝트가 외계 지적 생명체를 탐색할 때에 쓸 표적목록을 확장할 필요성이 생기면서 시작됐다. 불사조 프로젝트는 민간 기금을 받아 이뤄지며, 태양계 밖의 외계 기술문명이 내보내는 연속적인 펄스 무선 신호를 찾으려는 임무를 띠었던 미국 항공우주국(NASA)의 '고해상도 마이크로파 서베이(HRMS)'의 연장이다. HRMS는 1~10GHz의 주파수 대역에서 하늘 전체를 조사하는 한편, 1~3GHz 주파수 대역에서는 더 높은 스펙트럼 해상도와 민감도로 태양계 주변의 1,000개 항성을 표적 탐색하는 것이었다. 의회는 HRMS 사업을 1993년에 종료시켰지만, 세티 연구소는 민간 기금을 늘려 불사조 프로젝트가 표적으로 삼은 탐색 영역을 계속해왔다. 현재 불사조 프로젝트는 잉글랜드 조드럴 뱅크 천문대(Jodrell Bank Observatory)의 로벨 망원경과 연계해 아레시보 천문대(Arecibo Observatory)에서 동시 관측을 수행하고 있다. 이 프로젝트에는 매년 3주간의 망원경 시간이 사용되며 해마다 최대 200개 항성이 관측된다. 가까운 장래에 세티 연구소는 이런 탐색 속도를 100배 이상이나 높일 수 있을 것으로 기대한다. 세티 연구소와 버클리 캘리포니아대학의 합동으로, 알렌 전파 망원경(ATA : 예전에는 '1헥타르 망원경' 으로 알려짐)이 지금 북부 캘리포니아에 있는 햇크릭 천문대(Hat Creek Observatory)에 설치되고 있는 중이다. ATA는 지름 6.1m짜리 접시 안테나 350개로 구성돼, 결과적으로 100m 망원경의 성능을 능가하는 전파 수집 영역을 지니게 된다. 현재의 개발과 건설 계획표를 보면, ATA는 2004년에 부분 가동, 2005년에 완전 가동에 들어갈 것이다. ATA가 완공되면, 해마다 수천 내지 수만 개의 세티 표적 항성을 관측하기에 충분할 정도로 망원경의 접근성과 대역 성능이 향상될 것이다. 그러므로 불사조 프로젝트의 관측 대상목록을 태양 규모의 근접 항성 2,000개가량(Henry et al. 1995)이라는 애초 범주에서 더 크게 확장할 필요가 있다. 이 논문에서 제시된 '생명체 거주 가능성을 지닌 태양계 주변 항성계의 분류목록' 은 세티의 새로운 표적목록에서 가장 많은 부분을 차지한다(후속 논문에서 자세히 논의할 예정).

도 · 움 · 말

우주의 지적 생명체를 탐색하는 연구에는 소수 관측자만의 노력보다는 새로운 지원 네트워크와 협력이 필요하다. 지구인이라면 누구나 우주에 우리의 동료가 사는지 너무나 알고 싶다. 하지만 정부는 그런 연구에 돈을 대는 일을 꺼린다. 주의를 기울여야 할 더 급박한 다른 일들이 있기 때문이다. 그래서 '불사조 프로젝트'는 민간 기금을 받고 있으며, 거기에는 관측 네트워크의 협력이 필수적이다. 이 글에서 저자들은 자신들의 미션에 더 많은 지원을 구축하고자 하며, 더 많은 천문학자들을 그런 노력에 끌어들이고자 한다. 그러므로 그들은 동료 과학자들을 자신의 연구에 끌어들이고자 미래의 기회(여기에서는 탐색 속도 증진, 망원경 성능 증진에 대한 기대)를 낙관적으로 묘사한다.

2. 과학자 네트워크는 누구나 당연히 받아들이는 동의나 개념의 공고한 토대를 구축할 때에 수사의 도움을 받기도 한다.

실습

보기 34도 우주 생명체 탐색에 관한 글이다. 거주 가능 항성계의 나이에 관한 동의를 확립하고자 저자들이 어떤 노력을 기울이는지 살펴보라.

| 보기 34 |

지구 행성이 형성되고 8억 년이 지난 때에 일찌감치 단순생명체가 지구에 살았다는 증거가 있기는 하지만(Schopf 1993), 화석 기록과 생물분자 시계에 의하면 다세포 생명체가 출현한 때는 30억~40억 년 뒤였다(Rasmussen et al. 2002; Ayala, Rzhetsky, & Ayala 1998; Wray, Levinton, & Shapiro 1996 등). 그리고 항성 간 커뮤니케이션을 할 수 있는 기술문명의 출현은 지난 세기에서나 가능했다. 오랜 시간 규모(T_{hab})의 거주 가능성이라는 필요조건은 생물체 거주 가능성 항성계의 분류목록에 포함되는 항성 숫자에 큰 영향을 끼친다. 그 항성들은 모두 다 T_{hab}보다 더 오래된 것이어야 하며 항성들의 HZ 위치도 그토록 오랜 기간에 걸쳐 HZ의 폭을 벗어나지 않는 범위에서만 변화해야 한다.

도 · 움 · 말

저자들이 다세포 생명체가 출현했던 당시의 지구 나이에 관해 공고한 동의를 확립하고자 어떤 시도를 하는지 주목하라. 그들은 이전에 출판된 여러 글 가운데서 30억~40억 년의 시간에 견해를 같이하는 저자들의 글을 인용했다. 관측 대상이 되는 항성의 나이에 관해 동의를 확립하는 일은 매우 중요하다. 나이에 관한 동의가 확립되어야 데이터베이스의 항성 숫자를 제한해 줄일 수 있으며, 거주 가능한 행성을 지닌 항성에 대해 학계의 관심을 모을 수 있기 때문이다.

3. 과학자들이 네트워크의 잠재적 동맹자들을 고려하며 자신의 위치를 정하는 방법에도 수사가 개입한다.

라투어가 지적한 대로, 이것은 일종의 과학 활동 게임이다. 커뮤니케이션은 동맹자를 끌어들이는 일에서 중심적이며, 그것은 주로 해당 분야 문헌을 인용하거나 참조문헌에 넣는 것과 같은 기초적인 일들을 통해 이뤄진다. 토대가 되는 동의를 확립하기 위해, 그리고 자신의 연구를 옹호할 동맹자 네트워크를 창출하기 위해, 항성 논문의 저자들은 천문학뿐 아니라 진화생물학, 고생물학 분야에서 출판된 연구를 주의 깊게 언급했다.

4. 과학계가 '사실'로 여기는 것에 관해 동의하는 단계에 이르면 네트워크의 생명은 조화로운 모습으로 나타나며, 해당 분야에서 모두가 참이라고 받아들이는 것에 소수만이 반대하거나 의문을 제기하게 된다.

우주의 지적 생명체 탐색에서, 항성은 무엇 때문에 생명체가 거주할 만한 항성이 되는지에 관한 동의는 생명체가 지상에서 어떻게 출현했고 발전했는지에 관한 과학자들의 지식에서 생겨난다. 거주 가능 항성계의 데이터베이스에 관한 이 논문의 저자들은 생명체를 유지할 수 있는 항성계를 식별하는 데에 지구상의 생명 진화에 관한 지식을 적용했다. 그러면서도 그들은 지상 생명체가 다른 행성의 생명체와 동일할 것이라는 가정에는 의문을 제기한다. 도입에서 그들은 '알지 못함'을 인정했다.

이 분류목록을 정리하는 데 폭넓은 데이터를 썼다 해도, 이런 시도는 우리가 상당한 무지의 상태에서 '거주 가능성'을 정의하고 있음을 어쩔 수 없이 인정하게 만든다. …… 세티 탐색 프로그램에서는 이런 부족함이 더 증폭한다. 세티가 탐지해낼 만한 기술문명의 수준으로 생명체가 진화하는 데 필요하고 충분한 조건이 무엇인지 정확히 알지 못하거니와 '생명' 자체에 대해 논란의 여지없는 정의가 아직 없다는 점을 고려할 때에 그렇다.

저자들은 동료 과학자 네트워크에 생명을 규정하는 데 사용된 정의에 약점이 있을 수 있음을 알려주면서, 우주에서 지적 생명체를 찾으려는 임무 수행을 위해서는 새로운 개념과 새로운 증거가 요구된다는 점을 환기시킨다.

5. 라투어에 의하면, 이런 커뮤니케이션 과정은 동의와 관계의 강한 그물망을 창출한다. 그리하여 특정 개념이나 대상물, 사실들이 **블랙박스화**(black-boxed)하여 이제 추정이나 논쟁의 주제가 되지 않는다.

과학의 모든 영역에 걸쳐 그런 사례는 무수하다. 교과서에 실린 것들은 대체로 '블랙박스화'한 것으로, 더 이상 논쟁 대상이 아닌 것으로 여겨진다. '교과서적인' 사실이 되기까지는 역동적이고 사회적인 과정을 거친다. 그 과정에서 과학계 성원들은 언어적 실천과 경험의 공유를 거치며 점진적으로 합의에 이른다.

6. 간혹 '블랙박스화' 한 사실이나 쟁점이 문화적 또는 경험적 요인으로 인해 다시 싸움의 무대에 오를 때에, 그것들은 다시 논쟁적 주제로 등장한다.

분명한 것은, 모든 사람이 우주의 지적 생명체 탐색이 그만한 노고와 비용을 들일 만한 가치를 지닌다고 동의하지 않는다는 점이다. 우리가 본 논문에 의하면, 미국 의회가 불사조 프로젝트의 기금 지원을 중단하는 바람에 이 프로젝트는 이제 민간 기금에 의지하고 있다. 그러나 불사조 프로젝트보다 더 관심을 쏟을 만한 가치가 있는 더 급박한 다른 문제들이 생긴다면 과학계조차 이 프로젝트의 가치에 의문을 제기할 수 있다. 생명체가 살 만한 항성계를 탐색하는 연구에 대해 과학자들 사이에서 상당한 저항이 일어난다면, 우리가 살펴본 저자들인 질 타터와 마거릿 턴불은 훌륭한 논증을 동원해 동료들에게 탐색 사업을 지속해야 한다고 설득해야 할 것이다.

갈무리

과학 커뮤니케이션이 수사적이며 설득적이라고 말한다고 해서, 과학자들이 정치인과 광고업자처럼 행동한다는 뜻은 아니다. 어떤 상표의 자동차를 사도록 믿음을 주는, 또는 어떤 후보한테 투표하도록 믿음을 주는 수사적 설득은 가장 깊은 필요와 욕구에 호소해 우리를 행동에 나서도록 한다. 과학은 감성의 수사보다는 합리의 수사에 의존하며, 접근 가능한 증거에서 도출된 결론을 지지하는 세심하게 구성된 논증에 의존한다. 과학에서도 수사는 필수적인데, 왜냐하면 극히 적은 수의 주장만이 자명하기 때문이다. 대부분의 주장은 자명하지 않으며, 그런 주장은 제안된 해석과 결론을 어떤 식으로건 데이터에 연계하는 논증을 통해 지지를 얻어야 한다. 도입, 방법, 결과, 토의를 갖추며 충분히 발전한 과학 논문을 대신해 단지 하나의 데이터 차트만을 제시해서는 안 된다. 독자가 그 데이터의 의미를 알아차릴 수 없거나, 아니면 독자가 그것을 보고 다른 결론을 내릴 수도 있기 때문이다. 훌륭한 과학자는 훌륭한 전문가이며 훌륭한 실험자일 뿐 아니라 훌륭한 커뮤니케이터이기도 하다.

더 생각하기

1. 찰스 다윈의 『종의 기원』을 더 깊게 탐독하라. 자연선택에 관한 장을 읽고 독자에게 전하려는 그의 주된 논증, 그리고 동의를 구하는 그의 호소를 찾아보라.

2. 수십 년 간격을 두고 발표된, 블랙홀에 관한 실험적 보고서들을 찾아보라. 논문들을 읽고 어떤 논증이 '블랙박스화' 한 주제로 굳어졌는지 찾아보라. 블랙박스화한 주제들이 다시 논쟁거리로 등장하는가?

- Aristotle, *The Rhetoric of Aristotle*, trans. Lane Cooper, Englewood Cliffs, NJ: Prentice Hall, 1960. [아리스토텔레스, 『수사학』, 김용석 · 이종오 옮김(리젬, 2008).]
- Darwin, Charles, *On the Origin of Species*, London: John Murray, 1859. [찰스 다윈, 『종의 기원』, 송철용 옮김(동서문화사, 2009). 이 외에 번역서가 여럿 있다.]
- Galo, Roberts, *Virus Hunting: AIDS, Cancer, and the Human Retrovirus. A Story of Scientific Discovery*, New York: Basic Books, 1991.
- Gross, Alan, *The Rhetoric of Science*, Cambridge, MA and London: Harvard University Press, 1990. [앨런 그로스, 『과학의 수사학』, 오철우 옮김(궁리, 2007).]
- Latour, Bruno, *Science in Action: How to Follow Scientists and Engineers through Society*, Cambridge, MA: Harvard University Press, 1987.
- Prelli, Lawrence, *A Rhetoric of Science: Inventing Scientific Discourse*, Columbia: University of South Carolina Press, 1989.
- Reeves, Carol, 'Rhetoric and the AIDS Virus Hunt', *Quarterly Journal of Speech* 84.1 (Febraury 1998): 1-22.
- Shilts, Randy, *And the Band Played On: Potitics, People, and the AIDS Epidemic*, New York: St Martin's Press, 1987.

6장

과학과 문화 : 담론의 상호작용

지금까지 우리는 과학의 언어가 과학 내부에서 어떻게 작동하는지를 학습했다. 이제는 과학의 언어와 담론이 과학 밖의 커뮤니티와 어떻게 상호작용하는지, 그리고 바깥의 커뮤니티 문화가 과학에 어떤 영향을 끼치는지를 탐구할 차례다.

모든 담론은 문화의 결과이자 원인이다. 과학 분야의 전문화한 담론은 과학 문화를 구성하는 선별된 가치와 활동에서 생겨나며, 또한 그런 가치와 활동에 기여한다. 마찬가지로 사람들의 다른 커뮤니티(종교집단, 사회집단, 정치집단, 사적인 집단들)가 특정 주제에 관해 어떻게 얘기하고 그런 주제를 어떻게 규정하느냐는 해당 커뮤니티의 가치에서 생겨나며, 또한 그런 가치의 형성에 기여한다. 여러 가지 측면에서 볼 때 과학 담론과 다른 사회적 담론은 서로가 상대의 모습을 형성하는 데 영향을 끼친다. 때때로 우리가 어떤 주제에 관해 생각하고 이야기하는 우리의 방식에 과학 담론이 영향을 끼치지만, 때때로 과학자가 어떤 주제에 관해 생각하고 이야기하는 방식에 더 넓은 범주의 문화적 · 사회적 규범이 영향을 끼치기도 한다.

종종 종교계, 정치계와 과학계는 중요한 문제들에서 이해관계를 지닌다. 각 집단은 각자의 제도화한 담론, 그리고 어떤 문제를 설명하거나 범주화하는 각자의 방식을 활용한다. 예컨대 에이즈나 지구온난화처럼 모든 집단을 건드리는 문제가 나타난다면, 다양한 담론이 충돌하며 그런 담론을 사용하는 사람들은 담론을 통해 전달되는 문화적 규범을 수용하거나 맞대응해야 할 것이다.

다음의 도표는 이런 관계를 보여준다.

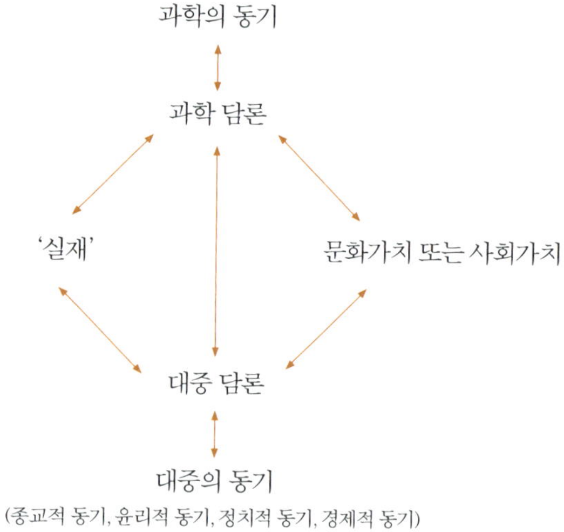

도표에 나타난 용어들은 다음과 같이 정의된다.

- *실재*(reality)는 담론에서 묘사되거나 설명되거나 논쟁되는 일체의 대상물 또는 과정을 말한다.
- *과학의 동기*(scientific motivations)는 과학의 학제, 제도(기관), 문화로서 과학에서 특별히 이해관계를 띠는 것들이다. 학제적 동기에는 연구 영역을 확장하며 새로운 발견을 촉진하는 기술과 방법을 발전시킨다는 목적이 포함된다. 제도의 동기에는 과학 교육, 연구기금 조성, 지도력, 연구기관 인가와 관련한 과학 인프라 보호와 유지의 이해관계가 포함된다. 마지막으로 문화의 측면에서 볼 때, 과학은 특정 신념과 행동 표준을 고수하는 구성원들로 이뤄져 있으며 그런 신념과 표준의 색깔이 입힌 언어를 사용하는 문화를 이루고 있다.
- *과학 담론*(scientific discourse)은 과학자가 다루는 모든 '실재'에 대해 전개되는 묘사와 정의를 말한다. 여기에는 규칙이 지배한다.
- *대중 담론 또는 사회 담론*(public or social discourse)은 과학의 분석 대상이 되면서도 일반 대중의 관심사가 되는 '실재'에 대해 전개되고 있거나 전개된 사회적 또는 대중적 묘사와 정의를 말한다.
- *대중의 동기*(public motivations)는 일반적 미덕에 영향을 끼치는 이해관계, 커뮤니티의 구조 전반에 관여하는 이해관계를 말한다.
- *문화가치 또는 사회가치*(cultural or social values)는 제도화된

대중적 동기들의 저변을 이루는 신념과 관행들, 또한 어떤 커뮤니티 구성원들 사이에 공통의 이해관계와 정체성을 확립하는 그런 신념과 관행들이다.

과학과 대중이 하나의 '실재'를 다룰 때에, 그것이 질병이건 우주왕복선 사고이건 생물 무기이건 또는 유전자 치료술이건, 과학자가 그 '실재'에 관해 이야기하는 방식과 관점은 과학의 동기뿐 아니라 대중의 동기와 문화가치에 의해서도 영향을 받는다. 때때로 어떤 '실재'는 대중의 문제라기보다 과학의 문제만으로 존재하기 때문에 그런 '실재'에 달라붙은 사회적 신념은 존재하지 않는다. 때때로 어떤 주제에는 사회적 편견과 사회적 연관성이 너무나 가득 차서, 그 주제의 의미를 형성하는 데에는 과학 담론보다는 사회 담론이 더 큰 힘을 행사하기도 한다.

우리는 다음의 관계들을 하나씩 검토할 것이다.

실재에 관해 이야기하는 방식은, 이야기하는 사람이 과학자이건 아니건 상관없이, 실재에 관한 우리의 경험에 의해 형성될 뿐 아니라 실

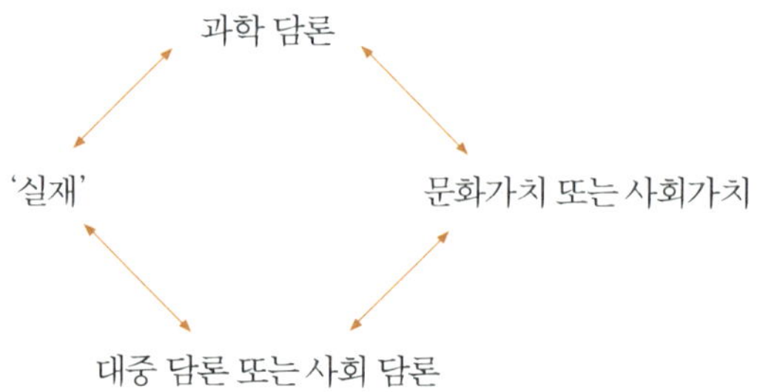

재를 묘사하는 데 쓰는 언어에 의해 형성된다. '실재'에 관한 경험이 더 많아지더라도 언어 내부의 제약으로 인해 상쇄돼, 새로운 관점이 발전하지 못할 수도 있다. 여성성의 '실재'에 관한 19세기의 일반적 관점은 여성의 역할이 순수하게 집안일에 있다는 것이었다. 이는 여러 서구 사회에 잔재하며 일부 사회에서는 여전히 분명하게 남아 있다. 여자의 지능과 힘, 창의성, 결단력의 '실재'를 '경험'하는 일은 계속되지만, 문화적 전통과 담론에 뿌리박힌 편견을 지닌 사회에서는 여성이 교육받고 전문직업의 훈련을 받아야 한다는 시각이 허용되지 않는다.

실습

보기 35는 1880년 《네이처》에 어느 과학자가 썼던 에세이의 서론이다. 이 글이 '실재'(이 경우에는 여성의 교육 가능성), 과학 담론(검증, 실험), 문화가치 사이의 상호작용을 보여주는 좋은 사례가 되는 이유는 무엇일까?

| 보기 35 |

톨버 프레스톤, 〈진화와 여성 교육〉, 《네이처》 1880년 9월 23일: 485-6에서.

최근에 우리는 여성과 보통 노동자가 가사나 산업의 책임만이 아니라 교양과 과학에 관해서도 교육받아야 한다는 주장을 접하곤 한다. 여성 교육을 지지하는 주장은 여성도 복잡한 수학 알고리듬과 따분한 라틴어 어형 변화를 학습할 수 있다는 가정을 내세운다. 다른 가정은 여성이 그 지식을 가사 영역에 사용할 것이라는 것이다. 여성 노동자에게 더 높은 수준의 교육을 제공해야 한다는 주장은 또한 그들 지성의 수용 능력과 유능함을 전제로 삼는다. 어느 경우이건 우선 이런 가정들을 냉정하고도 객관적으로 면밀히 따져봐야 한다. 우리는 여성이 가사생활, 자녀양육, 가정생활의 보살핌과 계획이라는 관심사에서 남성이 지니지 못한 재능을 가졌음을 안다. 그리고 우리는 정직한 노동자의 신체적 강건함과 명민한 능률을 존경해마지 않는다. 그러나 우리는 그들의 정신적 명민함에 관해 무엇을 알고 있는가? 우리는 그들에게 짐을 얹어주고 부끄러운 실패를 무릅쓰기 이전에 먼저 주의 깊은 실험을 통해 그들의 학습 능력을 조사하고 검증해야 하지 않는가?

(이 실습에는 도움말이 따로 없음.)

다음은 앞의 보기 35에서 잠깐 보여준, 과학 담론과 대중 담론의 상호작용을 도표로 정리한 것이다.

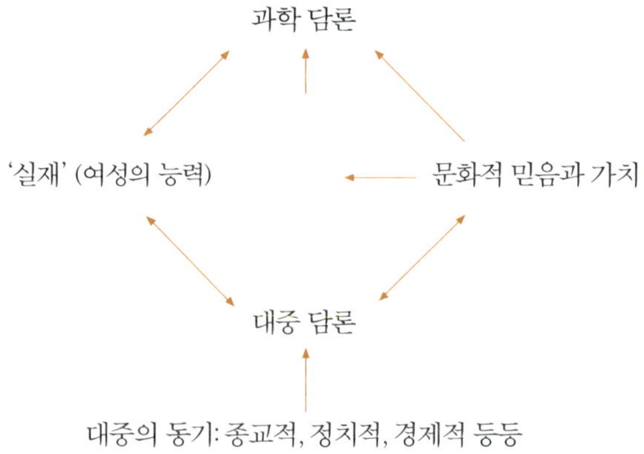

과학이 우리에게 자연의 대상물이나 과정을 소개할 때, 과학 내부에서는 전적으로 적절할 수 있는 과학 담론도 전혀 적절하지 않은 대중 담론을 형성할 수 있다. 이에 반응해 과학자는 해당 주제에 관해 대중이 이야기하는 방식을 고치려는 시도를 할 수 있다. 과학자와 환자 집단이 대중 담론에 나타나는 유해한 개념에 반응해, 전염병인 '에이즈'와 그 병에 걸린 사람들의 이름을 수년에 걸쳐 의식적으로 바꿔온 방식이 좋은 사례다.

담론의 헤게모니

과학 담론 또는 대중 담론(종교적, 도덕적, 경제적, 정치적) 같은 하나의 담론이, 특정 실재에 관해 이야기하거나 이해하는 방식을 한동안 지배할 때 헤게모니가 생긴다.

다음 도표는 대중 담론에 대해 과학 담론이 행사하는 지배력을 보여준다. 과학 담론은 더 넓은 문화적 가치와 과학의 동기에서 생기는 압박을 받으며, 또한 '실재'에 대한 더 많은 경험을 통해 발전한다. 과학 담론은 결국에 대중 담론의 발전으로 나아가며 '실재'의 개념을 대중의 담론으로 알리게 된다.

이런 헤게모니는 왜 생겨날까? 그것은 이런 실재에 대한 경험이 과학자들 사이에서 시작되는 동안에, 나머지 우리는 아무런 경험을 못하

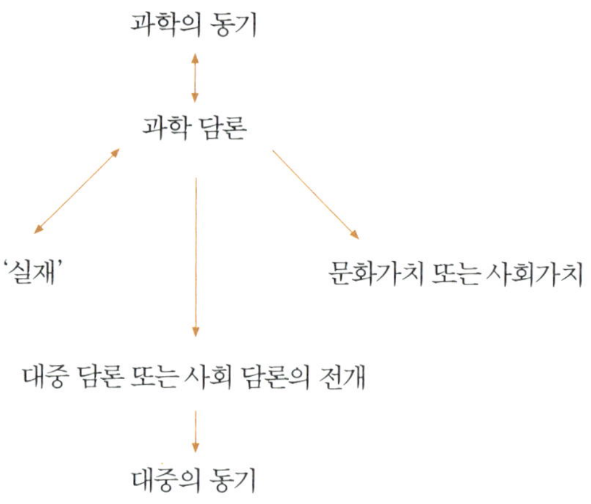

고 그래서 그것을 둘러싼 문화가치나 사회가치를 전혀 발전시키지 못하기 때문에 종종 그렇다.

과학자가 새로운 질병, 새로운 천문학적 발견, 새로운 기술적 혁신을 대중에 소개할 때, 적어도 처음에는 우리는 새로운 것을 설명하는 과학자의 언어로 제공된 초기 개념에 의지할 수밖에 없다. 이 때문에 과학자는 새로운 현상을 어떻게 소개할 것이냐에 관해 아주 깊이 주의를 기울여야 한다. 에이즈 전염병이 시작되었을 때 에이즈에 관해 대중이 지녔던 초기 개념들을 생각해보면, 과학자의 설명은 그릇된 믿음을 심어주고 유해한 태도를 야기할 수도 있다.

몇몇 주제에서, 과학이 지배하는 주제와 관련된 사회정책 논쟁에서 과학 담론은 권위를 실어 나르는 주인 담론이 된다. 과학 담론이 어떤 사회 논쟁에서 주인 담론으로 등장할 때, 그것은 다음과 같은 요소나 호소력을 지닌다고 볼 수 있다.

- 과학의 방법(주의 깊은 연구, 실험, 검증, 분석)은 언제나 객관적이고 타당하며 유익한 것으로 여겨진다.
- 과학의 발견은 필연으로 긍정적인 결과물로 나아간다고 여겨진다.
- 과학자와 과학은 윤리적이다.

제임스 왓슨은 프랜시스 크릭과 더불어 최초의 DNA 모형을 발표했다. 그것은 미생물학, 질병의 유전적 원인 규명, 인간 게놈 지도 작성, 그리고 여타의 진보에 기여했다. 왓슨은 인간의 능력을 신장하기 위한, 고통과 괴로움을 제거하기 위한 유전공학을 오랫동안 지지해왔다. 자신의 연설에서 왓슨은 후세대에 유전될 수 있는 유전자 변화인 생식 계열의 유전공학을 지지하는 논증을 뒷받침하고자 저명한 과학자라는 자신의 지위와 과학 문화를 존중하는 청중의 태도를 활용했다.

실습

보기 36은 대중 연설용으로 왓슨이 작성한 에세이의 일부다. 이 글에서 인간의 유전자 개량을 옹호하는 왓슨에게 도움이 된 것은 과학 담론의 어떤 측면이라고 생각하는가?

| 보기 36 |

제임스 · 왓슨, 〈오직 유익함을 위해〉, 《아카데믹 서치 엘리트(Academic Search Elite)》 153.1(1999년 11월 1일)에서.

왜 유전공학은 계속되어야 하나?

현재 대부분 형식의 DNA 조작이 실효적인 규제를 받지 않는다 해도, 한 가지 중대한 잠재적 목표는 여전히 차단돼 있다. 기능성 유전 물질을 인간 생식세포(정자와 난자)에 삽입하는 방법을 배우려는 실험은 세계 대부분의 과학자들에게 금지사항이다. 어떤 정부 기관도 미래 인간 진화의 경로를 바꿀 만한 단계를 시작하는 일에 책임지고 나서려 하지 않는다. 이런 결정은 인간의 보물 중에서 가장 값진 우리 염색체의 '청사진'을 변형할 수 있는 지혜를, 우리 인간이 지니고 있지 못할 것이라는 폭넓은 우려를 반영하는 것이다. 과연 우리는 수백만 년에 걸친 다윈주의적 자연선택의 결과를 뛰어넘을 만한 자격을 지녔을까? 인간 생식세포는 유전학자들이 결코 건너서는 안 될 루비콘 강일까?

다수 동료 과학자들과 달리, 나는 그런 식의 추론을 받아들이고 싶지 않다. 나는 결코 도래하지 않을 악을 두려워해 유익한 일을 미뤄서는 안 된다고 다시 한 번 주장하고자 한다. 최초의 생식계통 유전자 조작은 하찮은 이유들 탓에 시도되지 않는 것 같다. 물론 오늘날 과학의 상태는 '초인(superperson)'을 생산하는데 필요한 지식을 제공하지 않는다. 그런 초인의 폭넓은 재능 때문에 유전적으로 변형되지 않은 사람들은 스스로 잉여 인간이나 불필요한 존재로 느낄 수도 있다. 그런 창조물은 여전히 현실이 아닌 공상과학에나, 또 먼 미래에나 등장할 법한 인물이다. 마침내 그런 일이 시도된다면, 생식계열 유전자 조작은 사형선고를 받은 아이를 살려내는 일에 쓰일 수 있다. 예컨대 식물을 바이러스로부터 보호하기 위해 이미 항바이러스 DNA 조각을 식물의 유전체(게놈)에 삽입하는 것과 상당히 비슷하게, 치명적인 바이러스에 저항성을 지닌 아이를 창조할 수 있을 것이다.

적절한 진전의 신호들이 나타난다면, 최초의 유전자 개량 아이는 인간 문명을 결코 위협하지 않을 것이다. 그들은 가까운 사람들의 눈에만 특별한 존재로 비칠 것이며 생애 후기에는 지금 생존하는 '시험관 아기' 루이 브라운이 오늘날에 그런 것과 마찬가지로 눈에 띄지 않은 채 지나쳐갈 것이다. 만일에 그들이 유전자가 개량된 채로 건강하게 성장한다면 그런 아이들이 더 많이 생겨날 것이다. 그들 그리고 그들의 존재로 인해 삶이 풍성해진 사람들은 과학이 또 한 번 인간 생명을 개량했다는 점에 기뻐할 것이다. 그렇지만 그게 아니라 만일에 추가된 유전 물질이 제 기능을 못한다면, 더 많은 부모들이 건강한 아이를 얻으려고 그렇게 본래 불안정한 방법들에 마음을 빼앗기기 전에 더 나은 절차들이 개발되어야 할 것이다.

겁을 내면 전진을 이룰 수 없다. 다음 세기가 실패를 목도하더라도, 그대로 놔두자. 우리 과학이 아직 그런 일을 해낼 정도는 아니기 때문이다. 때때로 매우 부당하게 나타난 인간 진화의 경로를 덜 임의적이게 만들 만한 용기가 우리한테 없기 때문에 그대로 놔두자는 얘기는 아니다.

도·움·말

왓슨은 유전공학에 관한 공공정책을 만들 때에 종교나 정부가 아닌 과학이 주도해야 한다고 분명히 믿고 있었다. 그의 에세이에서는 과학의 권위가 영향력을 행사한다. 나쁜 뉴스보다는 좋은 뉴스가 훨씬 많이 나타난다. 우리 눈앞에 숙명과 암울은 보이지 않으며 용기 있는 과학자들 덕분에 고통과 괴로움이 줄어든 밝은 미래가 나온다. 생식계열 유전자 조작의 최초 시도들이 크나큰 기형을 만들 수 있다는 아주 현실적인 가능성에 대해 왓슨은 그럴듯하게 에둘러간다. 왓슨은 과학자들이 '하찮은' 이유가 아닌 정당화할 수 있는 이유로 생식계열 유전자 변형을 시작할 과학자들의 윤리에 대단한 신뢰를 보인다. 그는 과학자가 정당화할 수 있는 것과 '하찮은' 것을 구분하는 뛰어난 능력을 지녔다는 태도를 취한다. 그의 이런 태도는 대중적 과학 담론 안에 새겨진 과학 문화에서 생겨났다. 우리는 언제나 이런 담론에 유의해야 한다. 또한 과학은 언제나 '삶을 개선' 하며 과학자는 언제나 윤리적이라는 태도를 취해 우리가 엄청난 과학 활동을 지지하기를 기대하는 이들에 대해 건강한 회의주의를 견지해야 한다.

사회 담론이 과학을 지배하기도 한다

때때로 어떤 주제에 관해서는 대중 담론 또는 사회 담론이 과학과 과학 담론보다 훨씬 더 큰 영향을 우리에게 끼칠 수 있다. 주제들이 도덕적 또는 종교적 신념이나 정치적 동기, 경제적 필요성에 깊게 연계돼 있을 때, 과학은 그만큼 큰 영향을 끼치지 못할 것이다. 몇몇 경우에는 과학이 사회에 의해 제약될 수 있으며, 그리하여 그런 문제들에 대처하는 과학의 능력도 제한될 수 있다.

다음 도표는 과학과 과학 담론에 대한 사회의 헤게모니를 보여준다.

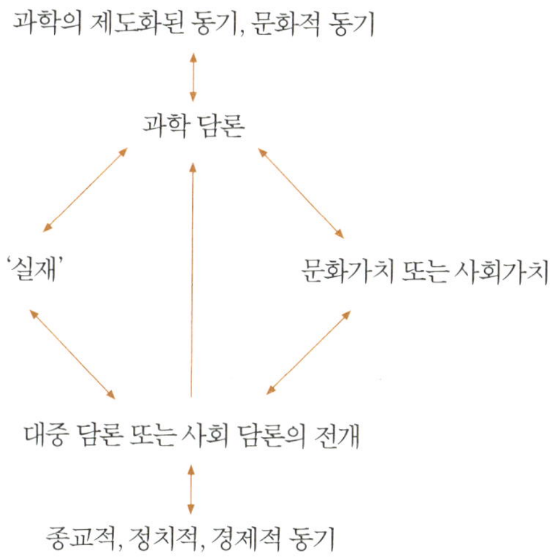

종교와 과학

과학을 지배하는 종교의 헤게모니를 보여준 예로는 가톨릭교회가 태양계의 성격을 놓고 코페르니쿠스, 갈릴레오 같은 천문학자들과 싸웠던 시대의 사례가 유명하다.

실습

보기 37은 '가톨릭교회에 보낸 갈릴레오의 서한'(1632) 일부다. 서한에서 갈릴레오는 지구와 다른 행성이 태양 둘레를 돈다는 코페르니쿠스 이론을 옹호했다. 갈릴레오가 성직자를 설득하려고 시도한 방식은 어떤 것인가? 그는 어떤 식으로 종교 담론을 활용하며 성경의 권위를 최소화하는 일은 피하고자 노력하는가?

| 보기 37 |

가톨릭교회에 보낸 갈릴레오의 서한(1632)에서.

…… 저는 우선 경건한 마음으로 성경이 결코 거짓을 말할 리 없다고 말씀드리며, 또한 감히 그렇다고 확언하는 바입니다. 그 참된 뜻이 이해될 때에는 언제나 그렇습니다. 그러나 저는 성경이 너무 심원하여 문자 그대로 전하는 바와는 매우 다른 무엇을 이야기하는 경우도 종종 있음을 아무도 부정하지 못하리라 믿습니다. 그러니 성경을 해설하면서 만일 누군가가 있는 그대로의 문법적 의미에만 매달린다면 오류에 빠질 수도 있을 것입니다.

[……]

…… 저는 물리적 문제를 논할 때에는 우리가 성서 문장의 권위에서 시작해서는 아니되며 감각경험과 필연적 논증에서 시작해야 한다고 생각합니다. 왜냐하면 성경과 자연 현상은 매한가지로 신의 말씀에서 생겨난 것이기 때문입니다. 성경은 성령의 말씀을 받아 적은 것이요, 자연 현상은 신의 명령을 준엄하게 집행하는 것이지요. 말의 뜻에 관한 한, 성경은 모든 사람이 이해하도록 하

고자 절대 진리와는 다른 것처럼 보이는 여러 가지를 이야기하지 않을 수 없습니다. 하지만 자연은 그렇지 않습니다. 자연은 무정하며 불변입니다. 자연은 자연에 부여된 법칙을 침범하는 일이 결코 없습니다. 또한 자연의 심원한 이성과 작동 방법을 인간이 이해하건 못하건 조금도 신경 쓰지 않습니다. 이 때문에 감각경험이 우리 눈앞에 펼쳐놓는 물리적 현상, 또는 필연적 논증이 입증하는 물리적 현상은 성서 문구를 증언하는 일에 불려 나와서는 안 됩니다(하물며 유죄 판결을 받아서는 안 됩니다). 성서 문구는 문자 이면에 어떤 다른 의미를 지닐 수도 있습니다. 성경은 표현 하나하나마다 물리적인 효과 모두를 지배하는 것과 같은 엄격한 조건에 매여 있지 않기 때문입니다. 또한 하느님은 성경의 성스런 말씀에서 그런 것처럼 자연의 행위들에서 탁월한 모습을 드러내기 때문입니다.

[……]

…… 저는 우리에게 감각과 이성, 그리고 지성을 선사하신 바로 그 하느님이 그것들의 쓰임새를 버려두게 하시고, 그것들을 써서 우리가 얻을 수 있는 지식을 다른 수단으로 주신다고 믿고 싶지는 않습니다. 직접 경험이나 필연적 입증에 의해 우리 눈과 마음 앞에 나타난 물리적 대상들을 두고서 감각과 이성을 거부하라고 그분은 요구하지 않으실 것입니다. 성경에는 과학 이야기가 극히 드물게 나옵니다만(결론의 구성도 그렇지요), 거기에서도 당연히 마찬가지임이 분명합니다.

[……]

문제가 되는 [코페르니쿠스의] 견해를 세상에서 추방하기 위해 단 한 사람의 입에 재갈을 물리는 것으로 충분하다면 (자기 생각으로 다른 이의 마음을 재단하면서 이런 학설이 계속하여 추종자를 얻을 수는 없으리라고 생각하는 사람들이 스스로 설득하듯이), 그러면 그런 일은 아주 쉽게 이뤄질 것입니다. 그러나 상황은 다릅니다. 그런 결정을 행하기 위해서는 코페르니쿠스의 책 그리고 동일한 견해를 따르는 다른 저자들의 저서도 금해야 할 뿐 아니라 천문과학 전체를 금지해야 할 것입니다. 더 나아가 화성과 목성이 때때로 지구에 아주 가까워졌다가 또 어떤 때에는 아주 멀리 떨어지는 것을 보지 못하도록, 사람들이 하늘을 바라보는 일도 금해야 할 것입니다. 그런 차이는 너무 커서 목성은 어떤 때에는 다른 때보다 사십 배나 크게 보이고 화성은 육십 배나 크게 보이지요. 그리고 목성이 어떤 때에는 둥글게 보이고 어떤 때에는 초승달 모양으로 보이는 것도 금지해야 할 것입니다. 마찬가지로 많은 다른 감각적 관찰도 금해야 할 터인데, 왜냐하면 이것들이 어찌됐든 프톨레마이오스 우주 체계와는 결코 조화를 이룰 수 없는 것들이며 코페르니쿠스 우주 체계를 지지하는 아주 강한 논거들이 되기 때문입니다. 코페르니쿠스의 견해가 지금보다 덜 추종되고 덜 확증되었던 그 오랜 세월 동안에도 관대하게 허용되고 묵인되었던 덕분에 코페르니쿠스 학설은 이제 날마다 여러 새로운 관측결과에 의해, 그리고 그분의 책을 읽는 일에 매진하는 학식 있는 분들에 의해 강화되고 있습니다. 그런 코페르니쿠스를 금지한다면, 그것은 제가 판단하기에 진리를 위배하는 일이요, 또한 진리가 더욱 명쾌하고 분명하게 모습을 드러내는 때에, 진리를 더욱 감추고 억압하는 시도로 여겨질 것입니다.

(home1.gte.net/deleyd/religion/galileo/galileo.html)

도 • 움 • 말

갈릴레오 시대에 종교적 문화가 천문학을 지배하는 헤게모니를 행사한 것은 분명하다. 종교의 불관용에 맞서 자신과 과학을 모두 변호하기 위해, 갈릴레오는 당시에 널리 퍼진 종교적 관점들에 머리를 조아려야 했다. 과학적 관찰과 발견을 옹호하는 논증을 펴기 위해서 그는 종교의 언어로 말해야 했다. 이는 볼 수도 증명할 수도 없는 것에 대한 신앙과 과학적 객관성 사이에 존재하는 분명한 대비 때문에 어려운 도전이다. 과학적 객관성을 주장하기 위해 갈릴레오는 신앙의 언어로 이야기해야 했다. 비난하는 사람들에 맞서 자신을 변호하기 위해, 갈릴레오는 자신이 성경의 절대 권위를 인정하는 신앙인임을 보여주고자 노력했다. 하지만 과학을 변호하는 대목에서는, 그는 성경의 의미가 이해되는 한에서만 성경의 권위도 선다는 점을 독자들에게 환기시켰다. 만일 성경의 의미가 불명확하거나 또는 성경이 쓰인 이래 오랫동안 쌓여온 천문학적 발견들에 관해 성경이 아무것도 말하는 바 없다면, 성경을 자연 법칙에 관한 최종의 말씀으로 봐서는 안 된다는 것이다. 갈릴레오는 신앙을 옹호했다. 하지만 궁극적으로 볼 때 그것은 볼 수 없는 것에 대한 신앙이라기보다 '감각적 관측'에 대한 신앙이었다. 코페르니쿠스 이론을 금지하는 것은 보는 능력을 금하는 것일 수 있으며, 그것은 하늘 자체에서 이미 관측된 모든 것을 부정하는 것이다.

갈릴레오는 성직자들이 코페르니쿠스의 태양계 이론을 받아들이도록 설득하는 데에 성공하지 못했다. 다음은 갈릴레오의 서신에 대한 가톨릭교회의 답신 일부이다.

하나님의 은총으로, 신성로마교회의 추기경이자 종교재판소 심판관인 우리는 신성로마교황의 이름으로 특별히 위임받아 가톨릭교회 제국 전체에 이르는 이단적 악행에 맞서서 생각한다.

[……]

…… 위와 같이 재판과정에서 제시된 것 그리고 갈릴레오 그대가 고해한 것들로 미루어 판단하건대, 그대는 이곳 로마교황청 검사성성의 재판에서 태양이 세계의 중심이며 동쪽에서 서쪽으로 운동하지 않는다는, 또 지구가 운동하며 세계 중심이 아니라는 학설을 믿고 견지하고 있다는 이단의 혐의를 스스로 열정적으로 인정했다고 우리는 단언하며 선고하며 판결하며 선언한다. 그런 학설은 거짓이며 신성하고 거룩한 성경에 반하는 것이다. ……

[……]

그리고 그대의 이런 중대하고도 유해한 오류와 교리위반이 아무 처벌도 받지 않는 일이 없도록, 또 그대가 앞으로 좀 더 신중한 처신을 할 수 있도록, 그리고 다른 이들이 비슷한 과실을 범하지 않도록 그대를 본보기로 삼고자, 우리는 『갈릴레오 갈릴레이의 대화』 서적을 금한다는 칙령을 내리노라.

우리는 갈릴레오 그대를 이곳 종교재판소의 정식 감옥에 우리가 정하는 동안 수감하는 형을 선고하며, 참회의 방법으로 앞으로 3년 동안 일주일에 한번씩 7편의 참회 「시편」을 반복해 낭송할 것을 명하노라.

앞에서 말한 형과 참회명령의 전체 또는 일부를 수정하고 감형하고

면해줄 모든 자유는 우리에게 있다. 그래서 우리는 이런 방식으로 그리고 우리가 법률에 의거해 사용할 수 있는 더 나은 다른 방식으로, 선고하며 판결하며 선언하며 명령하며 판결하고 유예한다.

경제와 과학

경제 담론 또는 정치 담론은 수많은 방법으로 과학을 종속시킬 수 있다. 어떤 산업 국가들이 이산화탄소 배출을 감축해야 하는지에 관한 쟁점, 즉 지구온난화 같은 골치 아픈 쟁점에서는 과학이 종종 경제와 정치에 자리를 빼앗긴다.

실습

보기 38은 미국 대통령 조지 부시가 2001년에 쓴 서한의 일부다. 편지에서 부시는 왜 미국이 교토의정서에 서명하지 않으려는지를 설명한다. 여기에서 과학은 경제적 또는 정치적 이해관계에 어떤 방식으로 종속되어 있는가? 여러분은 이 글에서 부시의 언어에 관해, 또 그가 사용하는 경제 담론에 관해 어떤 것을 알 수 있는가?

| 보기 38 |

상원의원 헤이겔, 헴스, 크레이그, 로버츠한테 보낸 대통령의 서신에서.

공보비서관실, 즉시 공개, 2001년 3월 13일

최근에 공개된 에너지부 보고서 〈발전소의 복합 배출을 감축하기 위한 전략 분석〉에서, 복합 배출 전략의 일환으로 이산화탄소 배출 규제를 포함시키면 전력 생산용 자원이 석탄에서 천연가스로 훨씬 더 극적으로 이동할 것이고, 그래서 이산화황과 질소산화물만을 감축하는 시나리오와 비교할 때 훨씬 더 높은 전력 비용이 초래될 것이라는 결론이 나왔습니다.

중요한 새 정보입니다. 이는 특히나 에너지 비용 상승과 심각한 에너지 부족을 겪고 있는 시기에 어떤 재평가가 이뤄져야 함을 말해줍니다. 석탄은 미국 전력 공급량의 절반 이상을 생산합니다. 캘리포니아가 이미 에너지 부족을 경험했으며 다른 서부 주들도 올 여름의 에너지 비용과 사용 능력에 관해 걱정하는 이때에, 우리는 소비자들에게 해를 끼칠 수 있는 조처를 취하지 않도록 매우 주의해야 합니다. 지구 기후 변동의 원인과 해법에 관한 과학 지식이 불완전한 상태임을 고려하고 이산화탄소를 제거하고 저장하는 상업적으로 쓸 만한 기술이 없다는 점을 생각할 때에 더욱 그렇습니다.

(www.whitehouse.gov/news/releases/2001/03/20010314.html)

도 · 움 · 말

우리의 미래 지구 환경을 보호하는 최선의 방법을 숙고할 때에 우리가 에너지 고비용의 위협을 무시해서는 안 된다는 것은 확실하다. 에너지 고비용은 먹을거리, 옷, 주택 같은 기초 생필품의 가격 상승을 초래할 것이다. 그러나 부시는 자기 견해를 뒷받침하는 데 과학을 사용하고자 하는 다른 정치인들과 마찬가지로 과학 연구를 '불완전하다'고 언급했는데, 이는 심각한 배출 규제가 경제적으로 이익이 되지 않음을 주장하기 위한 것이다. 과학 연구가 '불완전한' 것처럼 보이니, 우리가 극적으로 변화할 필요가 없다고 그는 말한다.

그와 다른 정치인들은 만일 우리가 오염 제공자한테 배출량을 감축하도록 강제한다면 경제적 재난이 초래될 것임을 우려한다. 이들은 지구온난화에 관한 과학 커뮤니케이션은 신중하고 객관적인 것이어야 한다는 점을 들어 과학 연구에 '불완전'이라는 딱지를 붙이는 식으로 대응했다. 어떤 동기에 의해 과학 커뮤니케이션에서 사실과 확실성의 언어를 찾으려는 정치인한테는 '불완전'하겠지만, 과학자들한테 그것은 미래 예측에 수학적 모델을 사용해왔으며 미래는 현재가 되기 전까지는 확언할 수 없음을 뜻할 뿐이다.

실습

보기 39는 미국 국가연구위원회(NRC)의 의뢰를 받아 과학자들이 작성한 보고서의 요약 부분에서 맨 앞쪽 두 문단을 발췌한 것이다. 부시 대통령이 이 보고서를 읽었다고 하자. 그가 이 글에서 판단의 기초를 얻었다면, 그가 지구온난화에 관한 과학 연구를 '불완전'하다고 규정한 이유는 무엇일까?

| 보기 39 |

〈몇 가지 주요한 물음들에 대한 분석〉, 국립아카데미 출판(www.nap.edu). 국립과학아카데미가 저작권(2001)을 보유.

(이탤릭체는 나의 강조.)

온실기체가 인간 활동의 결과로 지구 대기에 *축적되고 있으며*, 지구 대기 온도와 해수면 온도 상승의 원인이 되고 있다. 실제로 기온이 상승하고 있다. 지난 몇십 년 동안 관측된 변화들은 *주로 인간 활동에 기인한 것으로 여겨진다.* 물론 우리는 이런 변화 중에서 유의미한 어떤 부분은 자연적 변화를 반영한 것임을 배제할 수 없다. 인간 유래 온난화, 그리고 이와 관련한 해수면 상승은 21세기 내내 지속될 것으로 *예상된다.* 이차적인 *효과*들은 *컴퓨터 모형 모의실험과 기본적인 물리적 추론에 의해 제시된다.* 여기에는 강우율의 상승과 반건조 지역의 가뭄 취약성 증가가 포함된다. 이런 변화의 파급력은 온난화의 규모와 온난화의 속도에 *결정적으로 의존할 것이다.*

정부 간 기후변화위원회(IPCC)에 제출된 인간 유래 지구온난화에 대한 중간 모델의 *평가치*는 이산화탄소 같은 기후 영향 요인들의 상승률이 가속화할 것이라는 *전제에 기초를 두고 있다.* 21세기 말에는 섭씨 3도(화씨 5.4도) 상승할 것이라는 예측은 구름 그리고 대기의 상대적 습도가 지구온난화에 어떻게 반응할 것인지에 관한 *가정*들로 이뤄져 있다. 또한 이런 평가는 빙하기들 그리고 간빙기의 따뜻한 시기들 사이에 나타났던 과거 온도 변화의 폭을 지금 기후 영향에서 나타나는 상응한 변화들과 비교하는 방식으로 도출되며, 기후 민감도에 관한 *추론*들로 *구성된다.* 이렇게 *예측된 기온 상승*은 온실기체와 에어로솔의 미래 농도에 관한 *가정에 따라 민감하게 달라진다.* 그러므로 현재 이뤄지는, 그리고 장기적인 미래에 이뤄질 국가 정책결정에 따라 취약한 인구집단과 생태계가 금세기 말에 겪을 손해가 어느 정도일지가 달라질 것이다. 기후 시스템이 자연적으로 어떻게 변화하며 그것이 온실기체와 에어로솔의 배출량에 어떻게 반응할지에 관한 현재의 이해에는 *상당한 불확실성*이 존재하므로, 미래 온난화의 규모에 관한 현재의 평가는 (상승이건 하향이건) 미래 정책 조정에 따라 달라지는 잠정적이고 종속적인 것으로 여겨져야 한다.

도 • 움 • 말

이 보고서는 "현재 이뤄지는, 그리고 장기적인 미래에 이뤄질 국가 정책결정에 따라 취약한 인구집단과 생태계가 금세기 말에 겪을 손해가 어느 정도일지가 달라질 것이다"라고 주장한다. 그러나 자신에게 정치적 재난을 안겨줄 뿐 아니라 제조업자들과 유권자들한테 경제적 희생을 초래할 수 있는 정책결정을 두려워하는 미국 대통령 같은 독자는 여기에 담긴 과학 담론을 즐겁게 '오독'할 수 있다. '추론', '가정', '예측', '불확실성' 같은 단어는 지구온난화를 다루는 과학이 주술을 행하는 부두교 같은 것임을 보여주는 것으로 쉽게 해석될 수 있다. 그러니 부시 대통령이 교토의정서에 서명하지 않는 자신을 정당화하기 위해 지구온난화에 관한 과학 연구를 '불완전한 것'이라고 말한 것도 놀랄 일은 아니다.

갈무리

어떤 과학 영역이 문화와 어떻게 상호작용하는지를 이해하는 일은 그 맥락과 방법을 이해하는 것만큼이나 중요하다. 객관적이고자 노력하는 과학자도 문화 담론이 자신의 태도와 행동에 어떻게 영향을 끼치는지 인식할 필요가 있다. 비과학자는 자신의 문화적 태도에 과학이 끼치는, 눈에 잘 띄지 않는 그러나 자세히 보면 보이는 영향을 인식할 필요가 있다.

7장

과학과 사회

우리가 현대인의 삶을 누릴 수 있는 것은 과학 활동 덕분이다. 이것은 입에 붙은 멋진 말이지만 그저 말뿐인 것은 아니다. '과학적'이라고 불리는 (자연과학뿐 아니라 사회과학도 포함해서) 모든 연구 분야를 생각해보면, 연구 대상을 정확하게 그리고 될수록 객관적으로 측정하고 관찰하며 헤아리고 기술하는 이들은 찬사를 받을 만하다. 이들의 노력 덕분에 우리의 건강은 나아졌으며 교량과 도시가 건설됐다. 또한 그 덕분에 우리는 우주로 나아가고 식량을 증산하고 제도와 사회를 향상해왔다.

물론, 안 좋은 일도 언제나 있다. 원자폭탄, 환경오염, 화학무기, 신종 바이러스의 지구적 확산에는 직접적이건 간접적이건 과학의 진보에서 기인한 측면이 있다. 또한 우리는 과학의 진보 때문에 전통적 가치에 맞서야 했다. 피임약의 도입, 최초의 시험관 아기, 최초의 복제 양, 최초의 배아 줄기세포는 모두 엄청난 논의를 불러일으킨 과학 진보의 사례들이다. 전통론자들은 이른바 '신의 영역' 또는 '자연스러움'을 보존하기를 바라는 반면에, 진보론자들은 지적 능력을 갖춘 인간이 자유롭게 세계를 개조해야 하며 가치는 과학이 창출한 새로운 환경에 적응해야 한다고 주장한다.

과학의 결과물이 우리 삶에 이익을 가져다주건 또는 나쁜 환경을 초래하건 한 가지는 확실하다. 과학이 말할 때 우리는 주목한다는 것이다. 과학의 언어 그러니까 우리 몸을 곧추세우고 주목하게 만드는 그 담론은 그것이 신뢰할 만한 출처에서 나왔건 엉터리 출처에서 나왔건 또는 그 중간쯤에서 나왔건 간에 상관없이 강력한 영향력을 지닌다.

우리가 과학 지식을 접하는 일은 꽤나 자주 번역의 형태로 이뤄진다. 이 책 앞쪽의 3장에서 얘기했듯이, 어떤 과학적 진술의 '일치적' 형태는 과학자가 아닌 사람들도 좀 더 쉽게 이해할 수 있는 일종의 번역이다. 불행히도 어떤 번역이건 한 언어를 다른 언어로 옮기다 보면, 그 과정에서 일부 의미가 바뀌게 마련이고 또는 사라지기도 한다. 과학 연구보고서는 비과학자가 읽기에는 난해하며 심지어 이해 불가능한 것일 수도 있다. 그런 과학 보고서를 번역하는 사람들이 연구결과를 잘못 이해하거나 일부러 극적인 것으로 만들거나 또는 '잘못 읽는' 경우는 쉽게 일어난다.

과학의 번역자들과 그 동기들

과학 번역은 다양한 관심사에 따른 동기들에 의해 이뤄진다. 여기에서는 과학 번역자의 몇 가지 사례와 그 동기를 살펴본다.

번역자 1 | 언론인은 일반 대중을 위해 과학을 번역한다

모든 언론인은 멋진 '이야기'를 원한다. 이야기 자체가 중요해서, 극적이어서, 또는 결국에 독자의 삶에 영향을 끼치기 때문에 독자의 관심을 끌 만한 그런 이야기를 원한다. 이런 동기 때문에 언론인은 특정 보고서의 연구결과를 과장해 말하곤 한다. 과학 분야의 경험을 지닌 언론인은 훈련받지 못한 언론인보다 복잡한 데이터를 더 잘 이해하는 능력을 갖추고 있다. 그러나 모든 언론인이 멋진 이야기를 하도록 요구받는데, 이는 달리 말해 언론인은 독자에게 큰 의미가 있을 법한 과학 연구만 보도하며 독자들에게 덜 중요할 법한 것은 외면할 가능성이 있다는 뜻이다. 예를 들어 새로운 개구리 종이나 수학의 난해한 분야 같은 것에 관한 최근 연구에 대한 보도는 보기 힘들다는 뜻이다. 미디어에서 우리가 보는 과학은 과학을 보도하는 언론인의 전문지식과 동기에 의해 제한받는다.

다음 글은 어린이의 집중력 문제를 걱정하는 어른을 대상으로 장기간 조사한 어느 과학 연구의 주요 연구결과에 관한 것이다.

기호논리학적 퇴행 모델에서는, 1세와 3세 때의 텔레비전 일일 시청 시간이 7세 때의 집중력 문제(1.09[1.03-1.15]와 1.09[1.02-1.16])와 각각 연계되어 있었다(708).

[……]

이른 나이의 텔레비전 노출은 7세 때의 집중력 문제와 연계된다(708).

여기에서 우리는 텔레비전과 집중력 문제가 '연계'되었다는 주장에 힘을 실어주는 '텔레비전 시청 시간'과 '이른 나이 때의 텔레비전 노출'이라는 명사화 문구를 보게 된다. '집중력 문제'를 보고하는 부모 가운데 어느 누구도 자녀가 ADD(주의력 결핍 장애)나 ADHD(주의력 결핍 과잉행동 장애) 증상을 지니진 않았다고 연구자들은 분명히 밝혔지만, 이미 미래 진단의 이론은 전개되고 있는 셈이다. 텔레비전 시청 또는 노출은 어떤 '대상물' 또는 요인이 된다. 이런 과정에서 유전학 같은 다른 요인이나 집중력 장애를 이미 지닌 어린이가 텔레비전을 더 많이 시청할 수 있다는 가능성(비록 연구자는 논문의 토의 부분에서 이런 요인을 추가하지만)은 어떤 대상물이나 요인이 되지 못한 채 생략되었다.

실습

보기 40은 위의 과학 연구에 관한 언론인의 설명이다. 언론인의 설명은 원문과 어떻게 다를까?

| **보기 40** |

1세와 3세 사이의 아이들이 텔레비전을 많이 볼수록 7세가 되어 집중력 문제를 일으킬 위험은 더 커진다고 연구자들이 월요일에 보고했다. 연구자들은 취학 전 아이들이 날마다 텔레비전을 보는 시간이 한 시간씩 늘어날 때마다 나중에 주의력 결핍 과잉행동 장애(ADHD) 같은 주의력 문제에 걸릴 위험도 거의 10%씩 높아진다고 밝혔다. (Conion, 2004)

도 · 움 · 말

언어의 변화는 다음과 같은 도식으로 나타낼 수 있다.

기교적인 언어	→	*일치적인 언어*
'텔레비전 노출'	→	'시청'
'연계되다'	→	'위험이 높아지다'
주의력 문제	→	주의력 결핍 과잉행동 장애

기교적인 문체는 언론인이 다시 쓸 때 쉽게 바뀔 수 있으며, 그래서 과장하거나 잘못된 방향의 보도로 이어질 수 있다. 명사들과 '노출', '연계되다', '주의력 문제' 같은 말의 불명확성으로 인해 '연결되다' 또는 '위험이 높아지다' 같은 동사들로 재구성되고 '주의력 문제'는 ADHD로 특정화되는 일이 벌어진다. 어린이 텔레비전 시청의 양과 유형에 관해서는 누구나 걱정하기 때문에, 이렇게 연구결과를 경험과 일치적인 것으로 재작성하는 일이 해롭기보다는 유익할지도 모른다. 그러나 다른 이데올로기

또는 이해관계에 의해 다르게 재작성하는 것은 유익보다는 해를 더 끼칠 수 있다.

번역자 2 | 공무원은 공공정책을 결정하거나 장려하는 과정에서 종종 과학을 번역한다

공중보건 직원들과 정부 당국의 대표들과 공무원들, 그리고 다양한 기관의 지도자들은 모두 특정한 목적을 위해 과학 정보를 전달한다. 관료들은 목적에 따라 과학 연구 중에서 '좋은 뉴스' 또는 '나쁜 뉴스' 만을 부각하기도 한다.

실습

보기 41과 42는 유행병 사스(SARS)에 관한 공중보건 성명을 담고 있다. 성명의 목적을 살펴보라. 이 문장들은 좋은 뉴스 또는 나쁜 뉴스를 강조하는가? 그렇다면 왜 그런가?

| 보기 41 |

아시아개발은행의 사스 행동 계획에서, 2003년 5월 (www.newton.uor.edu/Departments&Programs/AsianStudiesDept/sars.html).

이 질병이 오래 지속될수록, 그리고 주요한 의학적 물음들이 오래도록 풀리지 않을수록, 경제사회적 파급력은 더 심각해질 것이다. 현재 시점에서 이 유행병이 어떻게 진행될지는 분명하지 않다. 최근의 한 논문은 유력시되는 잠정적 시나리오 몇 가지를 제시한다. 사스의 성격과 전염에 관한 불확실성이 지속되는 한, 실제적 결과는 이런 시나리오들의 범주 안에서 나타나거나 또는 더 악화될 수 있다.

어떤 시나리오가 유력할지에 상관없이, 사스는 이미 그 영향을 크게 받는 나라의 사람들에게 중대한 경제적 · 사회적 · 심리적 파급을 끼치고 있다. 이런 파급력의 일부는 이미 가시화되었으며, 다른 파급력들도 시간이 지나면서 체감될 것이다. 그것은 이 유행병이 지속하는 기간에 좌우된다.

| 보기 42 |

미국 의회-행정부 중국위원회의 사례보고서, 〈PRC의 정보 통제와 자기 검열 그리고 사스의 확산〉(www.cecc.gov/pages/news/prcControl_SARS.php?PHPSESSID=adb4443bfdc222c4851eef7e6b244407).

중화인민공화국(PRC) 관영 신문에 실린 보도들에 의하면, 광둥성의 보건 노동자들은 11월 중순에 사람들이 '비정형 폐렴(atypical pneumonia)' 에 걸리고 있음을 인지하기 시작했으며, 1월 초 무렵에는 사람들이 이미 '수수께끼 유행병' 확산에 관한 루머 때문에 허둥지둥 약을 사두는 현상이 나타났다. 그러나 1월 초에는 이런 소식을 처음으로 보도했던 신문들이 정부 통제를 받으면서 "'헤우안 지역에 괴바이러스 출현' 은 루머" 라고 전하는 헤드라인들로, 또한 "유행병은 없다" 며 "질병은 사람의 면역 체계 쇠퇴를 초래하는 기후변화의 결과다" 라는 정부 주장을 인용하는 기사들로 취재 보도의 대부분을 채웠다. 중화인민공화국(그리고 세계)의 사람들은 그 질병으로 홍콩에서 사망자가 생기기 시작할 때까지 진실을 알지 못했다. 자유로운 정보 흐름에 대한 홍콩 정부의 규제는 본토 중국에서 그런 것만큼 심하지는 않았다. 그러고 나서야 중화인민공화국의 중앙 정부는 질병의 존재를 인정하고자 했다. 심지어 그렇게 되고서도 정부 통제를 받는 미디어는 모든 상황이 잘 통제되고 있다는 주장을 계속했다.

도 · 움 · 말

이 사례보고서는 사스에 대한 중국 정부 관료들의 초기 대응이 유행병 가능성이라는 '나쁜 소식'을 잠재우고자 했던 것임을 말해준다. 시민, 관광객 그리고 중국에서 이뤄지는 국제 비즈니스에 패닉을 일으킬지 모른다는 두려움 때문에 관료들은 사스의 현실적 위협을 무시했고, 공중보건의 재난을 초래했다. 결국에 그들이 위협을 직접적으로 공개적으로 인정했다면 나타났을 상황보다 훨씬 더 나쁜 결과가 시민, 관광객, 비즈니스에 초래되었다.
또한 정부 당국 대표들은 과학을 특정 방식으로 보여주려는 동기를 지닐 수도 있다. 미국에서 화석연료의 사용을 진흥하는 사람들은 자연 보존을 촉구하는 사람들과는 아주 다른 과학 담론을 이야기한다.

실습

보기 43과 보기 44에 나타난 두 진술을 비교하라.

보기 43에서 미국 에너지부의 화석에너지 차관보는 북극 툰드라 지대에서 굴착할 가장 좋은 시기를 찾고 있다(알래스카 야생동물 피난지의 굴착에 관한 에너지부의 연구). 보기 44는 원유 탐사를 위해 정해진 도로 밖으로 이동하다 보면 생길지 모를 툰드라 지대의 피해를 우려해 미국 과학아카데미가 낸 보고서의 일부다.

두 그룹은 과학 담론을 어떻게 사용하여 자신의 결론을 정당화하는가? 어떤 것이 더 신뢰할 만하다고 생각하며, 그렇게 생각하는 이유는 무엇인가?

| 보기 43 |

견실한 과학은 민감한 환경을 보호하는 최선의 방법을 제공한다. 그렇지만 오늘날 북극 툰드라를 거쳐 원유 탐사 장비를 이동하는 것이 환경적으로 언제 안전한지를 결정하는 문제에서 우리는 일반적인 수준의 '어림짐작' 만 할 뿐이다. 이번 프로젝트는 환경 교란에 툰드라가 얼마나 견디는지에 대한 우리의 이해를 정교하게 만들 최신의 과학적 수단과 모델링을 제공할 것이다. 그 결과물은 더 나은 환경보호에 쓰일 것이며 원유 작업 시기를 결정하는 데도 훨씬 더 과학적인 기초가 될 것이다. (미국 에너지부, 화석에너지국)

| 보기 44 |

광범위한 도로 밖 이동으로 인해, 북부 경사 지대에서는 표면 침식, 물의 흐름, 그리고 툰드라 식물에 변화를 초래해왔다. 일부 훼손은 수십 년 동안 지속되었다. 현재의 3차원 조사방법을 위해서는 지진 탐사 수준의 촘촘한 고밀도 추적이 필요하다. 이런 추적 네트워크들은 현재 광범위한 지역을 포괄하고 있어 공중에서도 충분히 볼 수 있을 정도이며 북부 경사 지대의 시각적 풍광을 훼손하고 있다. 기술적 개선이 이뤄지고 작업자들이 더욱 신경을 쓰기는 하지만, 탐사에는 수많은 수송차량과 캠프들이 사용되기 때문에 툰드라에 대한 악영향의 잠재성은 여전히 존재한다.

(국립아카데미 온라인 자료. www.nap.edu/books/0309087376/html/)

(이 실습에는 별도의 도움말이 없음.)

번역자 3 | 광고인은 매트리스부터 약품까지 모든 것을 팔기 위해 과학 담론을 이용한다

광고인은 이윤의 동기를 지닌다. 그래서 이들은 과학 정보에 관해 가장 신뢰하기 어려운 번역자일 것이다. 우리 몸을 곧추세우고 주목하게 만드는 그런 담론과 이윤의 동기가 결합하면 참담한 결과를 낳을 수도 있다.

역사적인 사례로는 1940년대와 1950년대에 미국에 나타난 담배 광고가 있다. 흡연이 주는 건강상의 유익함은 종종 배우가 흰 코트를 입고 등장하는 텔레비전과 잡지 광고를 통해 홍보되었다.

"저는 과학 연구자이며 이 자리에서 여러분께 신기원을 연 청소 제품을 소개하고자 합니다"라고 말하는 광고의 출연자한테서 우리는 거짓을 찾아낼 수도 있다. 하지만 좀 더 미묘한 광고에서는 믿을 만한 출처와 그렇지 못한 출처를 적절히 구분하기가 힘들다.

처방약물의 마케팅에서는 전형적으로 그 약물에 관한 기초 정보의 일부만 제공하며 약의 효용을 널리 홍보한다. 대개 약 광고는 행복하고 건강한 사람들의 극적인 이미지를 동원해 일반 대중에게 약의 효용에 관한 '좋은 뉴스'만을 강조한다. 약의 부작용 같은 '나쁜 뉴스'와 그 약을 복용해서는 안 되는 사람들의 목록은 광고문에서 눈에 덜 띄는 곳에 배치되거나 부작용은 텔레비전 광고에서 단조로운 목소리로 처리되기 일쑤다.

이런 광고의 일반 청중은 광고가 제공하는 희망의 메시지에 매우 취약하다. AIDS, HIV의 원인 바이러스를 지닌 사람들은 그런 약 광고에 가장 취약한 청중 가운데 하나다. 1990년대 초에 바이러스 복제를 억제하는 약물을 조합해 쓰는 새로운 약물 칵테일 치료법이 시장에 도입되었다. 이런 약을 판매하는 회사들은 의사뿐 아니라 HIV 양성인 사람들에게도 판촉 활동을 시작했다. 미국 제약사 머크의 몇 가지 광고가 HIV 양성인 사람들이 보는 잡지에, 그리고 버스 선반에, 광고게시판에, 다른 공공장소에 실렸다.

광고문은 '끝까지 완주하기'나 '에이즈와 함께 살기' 같은 문구와 함께 정력적인 활동에 참여하는 건강한 근육질 남자들의 사진을 실었다. 소비자한테 전하려는 영업 메시지는 기적의 치료제가 발견됐다는 것이며 알약 하나를 먹음으로써 HIV 양성 반응 환자나 에이즈 환자들이 에이즈와 함께 살 수 있을 뿐 아니라 올림픽 육상선수처럼 살 수 있다는 내용이었다.

불행히도 이런 광고들은 이야기의 일부만 보여준다. 새로운 약물이 매우 유망한 것이라 할지라도(초기의 약물 시험에서 환자들은 잘 반응했다), 이런 약물에는 여러 문제들이 있었고 지금도 여전히 있다. 그 약물은 치유 효과를 내는 게 아닐뿐더러 모든 환자들한테 약효가 나타나는 것도 아니었다. 일부 환자들은 그런 약물을 견뎌낼 수 없으며, 바이러스의 일부 돌연변이에는 효력이 미치지 않는다. 약 광고의 유혹적인 이미지는 많은 이들에게 헛된 희망을 심어주었다.

또한 그런 광고는 에이즈 바이러스의 감염을 차단하려는 노력에도 해악을 끼쳤다. 육상선수와 잘생긴 배우를 보여주는 광고는 이 질병을 소홀히 다룰 수 있는 태도를 심어줄 수 있었으며, 그래서 안전하지 않은 성생활을 초래할 수 있었다. 에이즈를 불편한 것 정도나 극복 가능한 질병으로 묘사하는 광고는 소비자에게 오해를 심어주었다.

마침내 미국 식품의약청(FDA)이 광고를 바꾸라고 명령했으며, 제약사가 환자들의 생활방식은 물론이고 HIV 양성 환자의 건강을 개선한다는 약효를 잘못 보여주었다고 비판했다.

번역자 4 | 과학자도 종종 사회에 과학을 전하는 가장 중요한 번역자다

우리는 얽히고설킨 매우 복잡한 과학 개념을 감탄을 자아낼 만큼 이해가 쉬운 방식으로 번역해내는 스티븐 호킹과 칼 세이건 같은 과학자들에게 고마움을 느낀다. 독자들이 즐기고 이해할 수 있는 훌륭한 번역을 보장해주는 것은 무엇일까?

훌륭한 번역의 전략 가운데 하나는 난해한 개념을 보여주거나 설명하기 위해 우리가 쉽게 이해하는 은유를 사용하는 일이다. 2장에서 배웠듯이, 은유는 두 가지 매우 다른 대상물에 존재하는 어떤 유사성을 이용하는 것이다. 과학을 번역하거나 설명하는 데 도움이 되는 은유를 쓸 때는, 우리가 쓰려는 은유가 일부의 특성을 부각할 수 있지만 설명하려는 대상물의 모든 특성을 다 설명하지는 못한다는 점을 인식해야 한다. 잘 선택된 은유라면 설명의 능력에 제한이 생긴다 해도 오해를 불러일으키거나 지나치게 단순화하는 것이 되어서는 안 된다.

또 하나의 다른 전략은 과학자가 과학자끼리 하는 것보다 더 친밀하고 정서적인 태도로 독자와 커뮤니케이션하는 것이다. 열정과 호기심, 에너지와 개성이 가득한 목소리는 자신과 독자 사이에 친밀한 연대를 만들어낼 수 있다. 소극적인 목소리보다는 적극적인 목소리로 말하기, 삼인칭(그들, 그)보다는 일 · 이인칭(당신과 우리)을 쓰기, 질문 던지기는 독자가 읽기 어렵다고 여기는 딱딱한 산문투에서 벗어날 수 있게 한다. 유머, 심지어 만화도 일반 독자를 위한 번역문을 생동감 있게 만들 수 있다.

실습

보기 45는 수학자이자 물리학자인 브라이언 그린의 『엘리건트 유니버스(The Elegant Universe)』에서 발췌한 글이다. 이 글에서 일반 독자한테 전자기의 힘을 이해시키기 위해 일부러 사용한 글의 특징은 무엇이라고 생각하는가?

| 보기 45 |

여러분이 왼손에 전자 하나를, 오른손에 또 다른 전자 하나를 들고서 이 두 개의 동일한 하전 입자들을 서로 가깝게 가져간다고 상상해보라. 두 입자의 상호 중력이 이끄는 힘 때문에 두 입자는 더 가까워질 것이며, 전자기력의 밀어내는 힘 때문에 서로 떨어지려 할 것이다. 어떤 힘이 더 강할까? 경쟁이 성립될 수가 없다. 전자기력의 밀어내는 힘은 10의 42승배나 더 강하다! 만일 여러분의 오른쪽 이두박근이 중력의 힘을 표현한다고 치면, 여러분 왼쪽 이두박근이 전자기력의 힘을 표현하려면 그것은 알려진 우주의 저 끝 너머까지 확장해야 할 것이다.(Greene, 1999: 12)

(이 실습에는 따로 도움말이 없음.)

번역자 5 | 엉터리 과학자 또는 유사 과학자

잘못된 과학 또는 유사 과학의 사례 하나는 **우생학**이다. 그것은 끊임없이 대중적인 논쟁의 장에 들어서는 힘을 지닌다. 우생학자들은 인간 지능은 대체로 유전적이라고 믿으며, 문명은 전적으로 타고난 지능에 달렸다고 믿는다. 또 지능이 떨어지는 사람들이 대부분의 아이를 낳기 때문에 인간종의 지능은 세대가 거듭할수록 점점 떨어진다고 믿는다. 그들은 유전공학과 선택육종이야말로 인간 유전자 자원을 개선하고 결국에는 문명을 향상시킬 수단이라고 믿는다. 우생학이 믿을 만한 과학이 아닌 이유는 그것이 몇 가지 잘못된 가정에 바탕을 두기 때문이다. 찰스 다윈이 종의 기원 이론을 발표한 이후에, 우생학은 정도는 달랐지만 그동안 대중적인 토론과 정책의 주제가 되어왔다. 영국과 미국에서 '우생학 운동'이 정점에 달했던 동안에는, 신체적 이상이나 정신적 이상 또는 낮은 지능을 보이는 남녀에게 강제 불임을 시행하는 것이 표준이었다. 범죄자나 정신질환자처럼 확실하게 시설에 수용된 사람들은 불임 시술을 받았다. 더 훌륭한 아리안 종을 만들고 '열등한 유대인'을 제거하려고 했던 히틀러는 가장 악명 높은 우생학 지지자였을 것이다. 우생학 지지자와 인종주의자들은 가까운 사촌지간이다. 여전히 우생학 지지자들은 자신들의 주장을 계속하고 있다.

갈무리

우리가 읽고 듣는 과학 개념의 대부분이 번역된 것임을 인식해야 한다. 모든 과학 번역은 다양한 관심사와 그 동기에 의해 이뤄진다. 그 관심사는 독자를 끌어 모으기 위해 극적인 이야기를 하는 것이거나 어떤 의제를 보호하기 위한 것이거나 또는 공공정책을 장려하기 위한 것이거나 돈을 벌기 위한 것일 수 있다. 우리는 번역의 뒤편에 있는 목적에 대해 비판적 관심을 기울여야 한다. 그래야만 대중적인 과학(public science)의 정당한 목적에 참여할 수 있고, 또한 사기나 엉터리의 정당치 못한 의도를 멀리해 자신을 보호할 수 있다.

더 생각하기

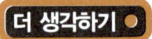

1. 약품 광고 : 여러분의 나라에서 약 광고가 어떤 규제를 받으며 모니터링되는지 알아보라. 오해를 불러일으키거나 유해한 약 광고의 사례가 있는가?

2. 과학 번역 : 도서관에서 최근의 과학 저널이나 의학 저널이 있는 곳을 찾아가보라. 여러분의 관심을 끄는 주제에 관한 연구보고서를 찾아보라. 도서관에서 접근할 수 있는 인터넷 데이터베이스를 이용해서도 어떤 주제를 찾아볼 수 있다. 논문의 앞쪽 요약문과 뒤쪽의 토의 부분에 특별히 관심을 기울이며 논문을 읽어보라. 여기에는 논문의 연구가 얻은 주요한 결론이 담겨 있을 것이다. 과학자가 아닌 사람도 읽을 수 있게 번역문을 최소 한 가지로 작성해보라. 설명을 흥미롭게 하며 일반 독자가 이해할 수 있도록 하는 글쓰기의 전략 일부를 이용하도록 노력해보라.

3. 공중보건 : 여러분이 사는 지역에서 일어난 공중보건 비상사태의 사례를 연구해보라. 공중보건 관료나 정부 관료를 인용하는 뉴스 보도를 찾아보라. 기사들은 이런 위기에 어떻게 반응하고 있는가?

4. 과학 보도 : 과학 발견이나 의학 발견에 관한 뉴스를 제공하는 매체에서 보도문 하나를 골라라. 그 보도문에서 연구에 관여한 과학자들의 이름을 찾아보라. 그런 다음에 웹의 과학 데이터베이스나 여러분이 이용할 수 있는 일반 과학 데이터베이스에서 그 과학자들의 이름을 찾아보라. 언론 보도의 바탕이 된 과학 보

고서를 찾을 수 있다면, 언론 보도와 연구보고서 둘을 비교해보라. 과학 담론을 대중 담론으로 '재작성한' 것을 발견할 수 있는가? 이런 재작성으로 인해 어떤 의미의 변화 그리고 심지어 오해가 생겨나는가?

더 읽을거리

· Green, Brian, *The Elegant Universe: Superstrings, Hidden Dimensions, and the Quest for the Ultimate Theory*, New York: W. W. Norton, 1999. [브라이언 그린, 『엘리건트 유니버스』, 박병철 옮김(승산, 2002).]

인용문 출처

· Christakis, Dmitri A. MD MPH and Zimmerman, Frederick J. Phd, 'Early Television Expoure and Subsequent Attentional Problems in Children', *Pediatrics* 113.4 (2004): 708-14.

· Conion, Michael, 'Toddler TV Habits Tied to Attention Deficit Study', MSNBC Wire Services, 6 April 2004: www.reutershealth.com/en/index.html.

책의 번역 작업을 다 끝내고 출판사가 독촉하는 옮긴이의 말을 쓰려고 너덜너덜해진 책을 다시 한 번 펴니, 내가 예전에 표지 다음 쪽에 연필로 갈겨 써둔 글 하나가 눈에 들어온다. 2년 전인가 책을 어느 정도 읽었을 때에 머리에 스치고 간 느낌을 급하게 적어둔 메모였을 것이다. "과학에 대한 맹신, 과학에 대한 냉소를 극복하려면 과학의 언어 사용을 이해해야 한다." 이 점이 바로 책의 저자가 내게 전해주었을 것으로, 내가 생각하는 핵심일 것이다.

당시에 '사용'은 중요한 단어로 일부러 힘주어 썼던 것으로 기억한다. 자주 우리는 과학을 저 멀리 어딘가에 이미 있는, 단일하고 변하지 않는 그 무엇으로 생각하곤 한다. 하지만 현실에서 '과학'은 매우 다양한 모습을 띠며, 또 그런 과학 지식들은 여러 사람들에 의해 '사용'

된다. 과학자가 사용하고 기자가 사용하며 정치인이 사용한다. 과학자가 사용할 때 과학의 언어가 나름의 특징을 지니고, 기자가 사용할 때 과학의 언어도 나름의 특징을 지닌다. 정치인이 사용할 때에도 그렇다. 그렇다면 우리는 과학의 언어를 어떻게 사용해야 적절하다 할까 하는 실천의 문제가 남는다. 또 과학자는, 기자는, 정치인은 과학 언어를 어떤 식으로 사용하는지 파악해야 하는 인식의 문제도 남는다. 그런 차이와 성격을 알 때에 우리는 과학의 언어를 제대로 사용하고, 또 누군가에 의해 사용된 과학 언어를 제대로 해석하고 비평하며 받아들일 수 있을 것이다.

캐럴 리브스의 이 책 『과학의 언어』는 다양한 장에서 사용되는 과학 언어의 다양성을 다룬다. 거기에는 과학자도 등장하며, 기자도 등장하고, 정치인도 등장하며, 광고전문가도 등장한다. 현대의 과학 언어도 등장하고 17세기 과학 언어도 등장한다. 과학 언어가 얼마나 다양하게 쓰이며, 어떻게 변천해왔는지 보여준다. 그러면서 과학 언어 사용의 목적과 동기를 바라볼 때에 필요한 인식의 틀도 제공한다. 또 시의 언어와 과학 언어의 다름과 같음에 대한 약간의 성찰도 흥미롭게 제시된다.

그래서 과학을 언어의 측면에서 다시 바라볼 수 있게 하는 계기를 제공한다. 과학자들한테는 일반 대중과, 또는 다른 과학자들과 커뮤니케이션할 때 필요한 태도와 방법이 무엇인지 다시 한 번 더 생각하게 하는 길잡이가 될 수 있다. 그래서 과학자를 지망하며 공부하는 여러

학생들한테는 좋은 교재가 될 것 같다. 또한 텔레비전, 신문, 책을 통해 과학을 접하며 과학에 흥미를 갖고 있는 많은 독자들한테는 과학의 언어를 적절하게 받아들이는 태도와 틀을 제공할 수 있을 것이다.

이 책은 교재용으로 쓰였다. 교재이기 때문에 하나의 주제에 깊숙이 빠져드는 기회는 없지만, 교재이기 때문에 다른 장점들도 많다. 먼저 이렇게 다양한 주제를 짧은 시간에 간결하게 읽을 수 있는 것도 이 책이 정해진 수업 시간 안에 관련된 주제들을 다 다뤄야 하는 교재이기 때문이다. 또 독자들이 직접 자기 생각을 다듬어볼 수 있도록 많은 실습 과제와 도움말 그리고 요약문을 실은 것도 과학 언어에 대한 독자의 이해를 심화하고 정리하는 데 도움을 줄 수 있다. 과학 언어에 대한 관심이 과학 분야의 작문법 정도에 머물고 있을 정도로 '과학과 언어'에 대한 관심이 그리 깊지 않은 우리 사회에서 이 책이 과학, 언어, 커뮤니케이션, 그리고 과학 담론을 이해하는 데 도움이 되기를 기대해본다.

번역자들이 늘 하는 얘기이겠지만, 역시 이 책을 번역하는 과정에도 여러 점에서 한계가 있었다. 에이즈, 우울증, 천체물리학, 분자생물학, 화학 등등을 아우르는 세부 전공 분야의 예문들을 번역하다 보니 전문지식을 충분히 정확하게 다루지 못했을 것이라는 점은 내내 남는 두려움과 아쉬움이다. 부디 이런 예문들 자체보다는 '과학의 언어'라는 더 큰 주제에 관심을 가져주시길 바란다. 그렇더라도 나는 예문들의 번역 오류에 대해서는 비판과 지적을 들어야 할 것이다. 늦어지는 번역 탓에 마음고생을 많이 했던 변효현 선생을 비롯해 책의 번역 출판을 결정해준 궁리출판사에 감사를 드린다.

2010년 11월 16일

오철우

가설 (hypothesis) 53
자연계의 어떤 대상이나 과정에 대한 해석, 또는 자연계의 대상이나 과정의 존재에 대한 예측. 과학자들은 자신의 가설을 검증하기 위해 실험이나 다른 형식의 연구를 수행한다.

객관적 (objective) 5
개인의 생각이나 견해가 아니라 사실에 근거를 둔. 개인의 감성이 일으키는 선입견이나 편견이 없는. **주관적**이 아닌.

건포도 푸딩 모형 (plum pudding model) 59
원자의 구조를 설명하는 데 쓰인 초기(19세기)의 **은유**. 이런 모형에서 원자는 전자들과 균형을 유지하는 양전하 구름의 모습으로 나타난다. 구름은 푸딩이고, 전자들은 건포도인 것처럼 그려진다.

과학 담론 (scientific discourse) 9
오랫동안 되풀이해 쓰이면서 발전해온 커뮤니케이션과 언어의 규칙적 패턴. 신조어 만들기, 과학계에 널리 쓰이는 현상 묘사와 설명들에서 담론은 발전한다. 담론은 현상을 바라보는 특정한 관점을 촉진할 수도 있는데, 이 때문에 성과 있는 연구가 이뤄지기도 하지만 과정이 틀어지기도 한다. 다행스러운 일은, 담론들은 새로운 정보와 관념들이 조화를 이루는 쪽으로 진화한다는 점이다.

과학적 수사 (scientific rhetoric) 10
청중에 어떤 결론을 전달하고자 과학 언어와 논증의 자원을 사용하는 기술.

과학적 사실 (scientific facts) 10
수집된 관측, 경험이나 실험실의 재현 가능성에 의해 폭넓게 받아들여지는 일반적인 것들. 현상의 성질에 관해 과학계에서 동의되는 것들.

데이터 (data) 6
데이텀(datum)의 복수 명사. 데이터는 개체들이나 시스템 수준에서 수집되고 측정된 요인, 특징, 속성들이다. 과학 실험에서는 다양한 환경적 요인들을 고려하여 실험 조건들을 변경하거나 통제할 수 있다. 그래야 수집된 데이터의 신뢰성도 커진다.

디엔에이 (DNA) 37
디옥시리보핵산. DNA 분자는 유전 정보를 암호화해 지니며 그것을 세대에서 세대로 전달한다.

레트로바이러스 (retrovirus) 52
DNA가 아니라 RNA(리보핵산)에 유전 물질을 저장하는 바이러스. 이런 바이러스는 자신을 복제할 때에 '역전사효소'라고 불리는 효소를 사용하는데, 이 효소는 바이러스 복제에 필요한 촉매의 구실을 한다.

면역학 (immunology) 53
면역 반응, 즉 면역성에 관한 연구.

명사화 (nominalization) 78
동사에서 유래한 명사. 동사를 명사로 바꾸기.

문법적 은유 (grammatical metaphor) 76
행위(caction)의 언어를 대상물(thing)의 언어로 변형하는 것을 말하는데, 그 덕분에 우리는 미래의 경험에 관해서 이론화를 할 수 있다. '나는 개울에서 물을 마셨다' 같은 어떤 행위를 경험했다면, 우리는 그 행위를 '개울에서 물을 마시는 것은 안전하다' 같은 진술로 은유적으로 변형할 수 있다. 이것은 언어의 도움을 받는 예측과정의 일부다.

방법 (method) 23
어떤 결과물에 이르기 위해 거쳐야 하는 일련의 단계들. 과학에서 관측, 탐구, 실험, 계산 등은 지식의 발전에서 없어서는 안 될 방법들이다.

블랙박스화 (black-boxed) 171
브루노 라투어와 스티브 울가가 만들어 쓴 표현. 과학에서 어떤 이슈가 더 이상 논란의 대상이 되지 않고 때로는 도전하기 어려운 것이 되는 상태를 가리킨다.

기반 은유 (root metaphors) 56

다양한 자연 현상에 쉽게 적용할 수 있는 간단하고 세련된 기본적 관념들. 이런 관념들은 인간 경험에서 생겨나 발전하며 대부분의 언어 사용자한테 쉽게 이해된다.

사실 지위 (fact status) 114

수집된 경험과 관측으로 볼 때에 어떤 주장이나 결론이 합리적인 그리고/또는 입증할 수 있는 것으로 확인되고 나서, 그런 주장이나 결론이 도달하게 되는 합의의 상태.

사용역 (register) 100

담론의 형식성 정도.

수사 (rhetoric) 7

어떤 메시지를 전하고자 청중과 커뮤니케이션할 때에, 쓸 수 있는 모든 자원을 사용하는 기술. 수사는 단지 커뮤니케이션의 표면적 특징인 것만은 아니며, 감성에 호소하며 청중을 다루는 기술만이 수사인 것은 아니다. 사람들 간에 어떤 메시지를 주고받을 때에는 언제나 수사가 작동한다.

실험보고서 (experimental report) 99

과학의 **방법**을 따르는 실험실 연구의 설명서. 문제가 정의되고, 가설이 만들어지고, 가설을 검증하는 실험이 고안되며, 실험이 수행되고, 결론이 도출된다. 보고서는 동료심사를 거치면서 **방법**과 결과의 질을 보증받는다.

아날로지 (상사, analogy) 37

어떤 특성을 공유하는 두 대상들 간의 비교, 또는 어떤 것 일부와 다른 것 일부 간의 비교. 진화생물학자들은 같은 조상에서 유래하지 않고도 같은 환경 때문에 비슷한 특성을 발달시켜온 생물들 간에 나타나는 기능 유사성을 가리킬 때에 이 용어를 쓴다.

양식 (modalities) 117

진술이나 주장의 그럴듯함을 높이는데 필요한 조건들을 나타내는 용어들. 양식에는 사람, 발견 시각, 환경 또는 조건에 대한 지칭이 포함된다. 이런 진술들에는 '높은', '낮은', '새로운' 같은 수식어가 포함되거나 현상의 한 측면에 청중의 관심을 덜 쏠리게 하거나 더 쏠리게 하는 다른 서술어들이 포함되기도 한다. 예를 들어 다음 진술에서 이탤릭체로 표시된 것들이 양식들이다. '*최근에, 수많은* 연구자들이 X와 Y 사이에 높은 연계성이 있다고 보고해왔다.'

어휘적 은유 (lexical metaphor) 79
어구를 사용하여 어떤 경험의 영역을 지시하는 방식으로 다른 경험의 영역을 설명하거나 표현하기.

언어적 변형 (linguistic transformation) 79
언어를 통한 경험의 변형. 우리 경험은 언어에 의해 포착되고 제출될 뿐 아니라 언어에 의해 사실상 변화한다.

에이즈 (AIDS) 33
'후천적 면역결핍증'의 영문 줄임말. 인간 면역결핍 바이러스(HIV)가 일으키는 질병이다. 보통 인체에 HIV가 감염되면 수년이 지나서야 심각한 면역결핍증이 나타난다. 자신이 감염된 것을 알아채지 못하는 사람이 섹스나 주사바늘 공유를 통해 체액을 전달함으로써 쉽게 다른 사람들을 감염시킬 수 있다.

우생학 (Eugenics) 216
선택육종, 불임, 유전자 조작, 박멸 따위 여러 **방법**을 써서 인류를 개량하려는 것을 지지하는 사회적 운동. 우생학 지지자들은 유전자가 우리의 지능과 행실을 형성하는 데 환경보다 더 강력한 역할을 하며 이런 특성들은 유전될 수 있다고 본다.

울타리치기 (hedge) 114
'X가 Y의 원인일 수 있다' 라는 진술에서 그런 것처럼, 동사로서 울타리친다는 것을 진술의 확실성 정도를 가리키는 것이다. 명사로서 울타리치기는 어떤 관찰 진술의 확실성을 감소시킨다.

유전학 (genetics) 37
유전에 관한 연구.

은유 (metaphor) 9
다른 범주에 속한 대상들, 과정들, 또는 경험들 간의 비교. 은유는 **어휘적**으로나 **문법적**으로 나타날 수 있다. 또한 은유들은 우리가 경험하는 세계에 질서를 부여하는 방식에 그 **뿌리**를 두고 있을 수 있다.

이론 (theory) 40
과학에서 이론은 실험실이나 야외에서 경험적 방식으로 검증할 수 있는 어떤 해석을 말한다. 무르익은 과학 이론은 지식을 체계화하며 대상, 사건, 과정을 설명하고 예측한다.

인간 면역결핍 바이러스 (human immunodeficiency virus, HIV) 35
에이즈에 이르는 감염의 원인이 되는 **레트로바이러스**.

인간 유전체 (human genome) 66
한 사람의 DNA 염기서열 전장. 인간 염색체에 든 유전자 전체.

일인칭 대명사 (first-person pronouns) 98
'나' 또는 '우리'.

일치적인 (congruent) 77
문법적 은유의 **이론**에서 볼 때, 언어를 사용해 우리의 경험을 이해하는 첫 번째 단계를 말한다. '어제 나는 재미삼아 소설을 읽었다' 라는 말에 나타나듯이, 우리는 처음에 행위의 언어를 사용한다. 이것이 일치적인 표현이다. 그러나 종종 우리는 행위의 경험을 넘어서서 이론화의 경험으로 나아간다. 언어 덕분에 우리는 '소설 읽기는 하루를 보내는 즐거운 방법이다' 처럼 일치적인 표현을 이론적인 표현으로 바꿔 말할 수 있는데, 이처럼 언어는 이론화를 뒷받침한다. **과학 담론**은 자주 일치적인 것에서 이론적인 것으로 옮아간다.

임상 담론 (clinical discourse) 35
질병 연구와 치료가 이뤄지는 임상 분야에서 발전해온 언어와 커뮤니케이션의 패턴들을 말한다. 지난 100년 동안에 《랜싯(The Lancet)》이나 《뉴잉글랜드 의학저널(The New England Journal of Medicine)》에 실린 임상 보고서를 읽기만 해도 이런 언어의 진화를 볼 수 있다.

재구성 (reconstrual) 77
변형하기, 또는 고쳐 바꾸기. 우리는 언어를 사용하면서 **문법적 은유**를 통해 우리의 경험을 재구성하거나 고쳐 바꾼다.

전문용어 (terminology) 9
현상을 묘사하거나 설명하는 데 쓰이는 단어 또는 구절.

주관적 (subjective) 23
개인의 감성 또는 견해에 근거를 둔. **객관적**이 아닌.

증거 (evidence) 10
어떤 결론, 주장, **이론**의 뒷받침을 구성하는 것. 자연계에 관해 주장을 펴는 과학자들은 견실한 과학 탐구**방법**에 의거해 수집된 증거를 제시해야만 한다. 증거의 형태는 여러 가지다. 예를 들어 진화의 증거가 되는 화석 기록처럼 물리적인 것일 수도 있으며, 특정한 질병의 진행과정이나 외적 징후 또는 증세 같은 임상적인 것일 수도 있다. 또한 증거는 자연계에 관해 일반화에

이를 수 있을 정도로 되풀이해 관측될 수 있어야 한다.

증류하기 (distilling) 85

문법적 은유의 **이론**에서 볼 때, 어떤 과학 용어를 언술의 여러 가지 부분들로 다시 가져다 쓰는 것을 말한다.

추정 (conjecture) 115

문제를 풀 때에 도구의 구실을 하는 그럴듯한 추측. **이론**이나 **가설**과는 다른데, 추정은 문제를 어떻게 풀 수 있을지, 또는 해답의 성격이 어떠한 것일지를 머릿속에 그려보는 첫 번째 단계다. 머릿속의 해법이나 답이 맞는지는 실제 관측된 사실들과 대비하며 검증할 수 있다.

편견 (bias) 5

입증할 수 있는 지식에서 멀어지게 하는 의식적인 또는 무의식적인 관점이나 과정. 미디어에서 저널리스트들은 어떤 관점을 견지하다가 정확한 뉴스 보도에서 일탈할 수 있다. 과학에서는 어떤 연구를 설정하는 과정에서 연구 대상이 임의의 방식이 아니라 특정한 방식으로 선별될 때에 편견이 개입할 수 있다. 그런 연구의 결과물은 지식에 기여하지 않는다.

함축 (connotation) 27

어떤 단어에 내포된 의미 또는 문화적 · 정치적 관점과 같은 연관성에서 생겨나는 단어의 의미. 과학자들은 오해하기 쉬운 함축이 담긴 용어들을 없애려고 노력한다.

핵 모형 (nuclear model) 61

20세기의 원자 모형. 이런 모형에서 보면, 가까이 접근하는 알파 입자를 비껴가게 할 정도로 강력하며 작고 단단한 핵이 원자 안에 존재한다.

호몰로지 (상동, homology) 36

공통의 환경에 대한 유사한 반응이나 기능상의 유사성에 기인하지 않는, 유기체들 간의 세부적인 유사성. 호몰로지는 공통의 조상에서 유래하는 유기체 간의 유사성을 말한다.

과학의 언어

1판 1쇄 찍음 2010년 11월 18일
1판 1쇄 펴냄 2010년 11월 26일

지은이 캐럴 리브스
옮긴이 오철우

주간 김현숙
편집 변효현, 김주희
디자인 이현정, 전미혜
영업 백국현, 도진호
관리 김옥연

펴낸곳 궁리출판
펴낸이 이갑수

등록 1999. 3. 29. 제300-2004-162호
주소 110-043 서울시 종로구 통인동 31-4 우남빌딩 2층
전화 02-734-6591~3
팩스 02-734-6554
E-mail kungree@kungree.com
홈페이지 www.kungree.com

ISBN 978-89-5820-201-1 03400

값 13,000원